はじめての量子化学

量子力学が解き明かす化学の仕組み

平山令明　著

ブルーバックス

本書は2002年7月20日刊行のブルーバックス『実践 量子化学入門』（CD-ROM付）を一部改訂したものです。

カバー装幀｜芦澤泰偉・児崎雅淑
カバーイラスト｜iStock/generalfmv
本文デザイン｜齋藤ひさの（STUDIO BEAT）
本文図版｜さくら工芸社

まえがき

化学の面白さはその変幻自在な分子の変化にあります。しかし、化学嫌いにとっては、その変幻自在が複雑怪奇に映るだけです。私たちも含め世の中の森羅万象の多くは、化学的な現象であると言えます。それらをすべて網羅的に暗記するなどとうていできない業ですし、その必要もありませんが、そこに何か統一的なお話がないと、現象がただただ複雑怪奇に見えてしまうのはしかたのないことかもしれません。

この本では、そうした複雑怪奇な化学を思いきって見通し良くしようと試みています。化学を語るうえで、物理学を知ることは非常に重要です。化学もよくわからないのに、物理学まで持ちだされたら敵わないと思わないでください。もちろん正確にプロフェッショナルな仕事をするためには、きちんと物理学も知る必要がありますが、大半の方は化学を職業とするわけではありませんから、物理学的なものの考え方を学べればよく、それをどのように活用するかが理解できれば充分でしょう。

この本では、化学の見通しを良くするために、「量子化学」という、多分高校生は知らない考え方が登場します。量子化学は量子力学という原子や分子など極々小さな世界で成り立つ物理学に基づいています。この物理学が応用されているものは、皆さんのまわりにもたくさんあります。そして量子力学を化学に応用した分野が量子化学であり、量子化学の中で最もよく使われている方法が分子軌道法です。分子軌道法を使えば、私たちは化学の問題を原理的にはすべて統一的に解き明かすことができます。ただこの方法は原理を学ぶのにちょっと苦労が要り、しばらく前まではその計算のために非常に高価な大型コンピュータが必要でした。学ぶのにちょっとした苦労が必要なのは今でも変わりませんが、コンピュータの部分は今では大きな問題ではありません。現在のパーソナル・コンピュータを使えば、この方法を充分体験することができ、楽しむことさえもできます。

本書では高等学校程度の有機化学の問題を、量子化学の考え方であらためて考えてみます。化学の苦手な人や、高等学校で化学を学んだことのない人にも充分配慮してやさしく書きましたので、化学とはどんなことをするものかを知りたい人も是非読んでみてください。途中で数式が出てきますが、数式の苦手な人はまず飛ばして読んでください。数式は、本来物事を難しく表現するためにあるのではなく、逆に簡単化し見通しを良くするものです。数式の意味する概念を理解していただければ、それで結構です。この本の範囲では数式の操作ができる必要はまったくありません。

科学は本来、経験を通して学ぶものです。本の１つの欠点はそれができないことです。幸いなことに「量子化学」

の計算については、初学者が無償で使えるソフトウェアがインターネットでいくつか公開されています。それをダウンロードして使うことにより、本書で扱う範囲の問題であれば、手近にあるパーソナル・コンピュータを使い、読者自身で計算の過程を体験できます。本書では、そうしたソフトウェアの１つの簡単な使い方も紹介します。これらのソフトウェアを使いながら、本書を読むことで、理解が深まり、どのように実際の問題に活用し得るかを体験することができます。

最後に、この本を作り上げるうえで講談社の梓沢修氏および家中信幸氏には大変お世話になりました。この場をお借りして御礼申し上げます。

もくじ

はじめての量子化学

第 2 章

原子から分子へ ___39

第 3 章

分子軌道法から求められるもの ___59

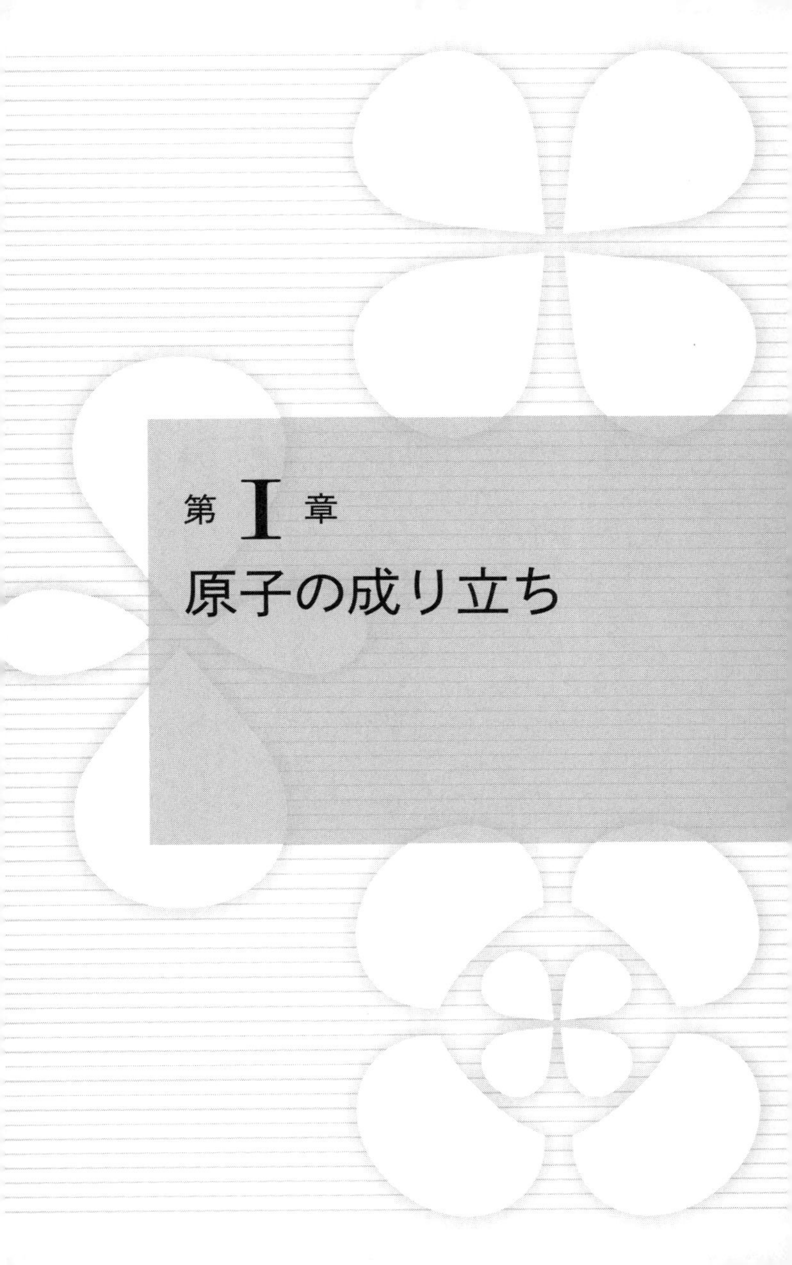

第 I 章 原子の成り立ち

1・1 化学では「電子」が主役

水分子は、1個の酸素原子に2個の水素原子が「結合」したものです。二酸化炭素は、1個の炭素原子に2個の酸素原子がやはり「結合」したものです。それでは、「結合」は何によって起こるのでしょうか？

水素分子は2個の水素原子からできていて、H_2と表されることは皆さんもご存知のことと思います。では、なぜ水素原子は2個集まるとH_2になり、2個の水素原子（H）のままでいないのでしょうか？

分子は複数の原子からできていますが、分子がどのようにでき、どのように変化するか、そのすべての鍵を握るのが、原子の中にいる「電子」です。「化学」と呼ばれる科学分野で、私たちが学ぶことのほとんどすべては、実は「電子の性質」によって引き起こされる現象なのです。

それでは、電子の性質やその動きのすべてがわかれば、「化学」がすべてわかるということなのでしょうか？

そのとおり、**すべてわかる**のです。

20世紀の前半に確立した物理学の重要な一分野である量子力学は、原子や分子の構造や性質を調べる物理学です。この量子力学を使って電子の性質や挙動を理解することで、化学は大いに進歩しました。量子力学を使って、化学の問題を考えるのが、「量子化学」であり、今や化学にはなくてはならない分野になっています。

1・2 原子は原子核と電子からできている

水素、酸素、窒素そして炭素などは原子であり、このような原子から分子ができあがっていることは皆さんよくご存知のことでしょう。分子や原子について高等学校ではおもに化学の教科書で説明されますが、生物や地学そして物理の教科書にも分子や原子に関する説明は現れます。

特に最近の生物学の教科書では、分子の話は非常に大きくとり上げられています。遺伝という生物の重要な活動がDNAという分子によってコントロールされていることは皆さんもよくご存知のことと思います。つまり私たち自身も含め、世の中で起こっている大半の物質の変化には分子が深く関わっているのです。したがって私たちがこれら物質の世界を理解し、それを生活の改善や医療に役立てようとするなら、分子の世界のことをよく理解しなければなりません。

分子を知るためには、その成分である原子をまず知る必要があります。**図1-1**に示すように、原子は大きく分けて原子核と電子からできています。原子核はさらに、中性子と陽子というものからできています。中性子はまったく電荷（電気）を帯びていませんが、陽子はプラス（正）の電荷を帯びています。つまり陽子と中性子からできている原子核は、必ず正の電荷を帯びています。

電荷という言葉はなんとなく難しく聞こえますが、電気とほとんど同じ意味です。ある物体（この場合は陽子）が持っている電気を示すときに、「電荷」という言葉を使い

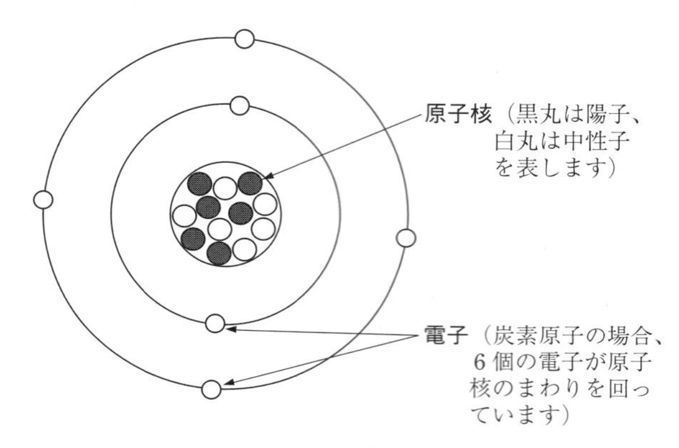

図1-1　炭素原子の構造

ます。1つの陽子が持っている電荷の量は、電荷を測る基本になるので、電気素量と呼ばれています。陽子1個が持っている電荷（電気素量）は1.602×10^{-19} Cです。1C（クーロン）とは1A（アンペア）の電流が1秒間に運ぶ電気の量です。ですから陽子1つが持っている電荷の量がいかに小さいかが、このことからわかるでしょう。

原子を作り上げる中性子、陽子そして電子は原子の大きさよりはるかに小さいものです。原子の半径はだいたい10^{-8} cmくらいで、これでも私たちの世界からすると、とんでもないほど小さいのですが、陽子と中性子からできている原子核はさらに小さく10^{-13}〜10^{-12} cmくらいです。原子の大きさを半径1 kmの球とすると原子核の半径は1 cm程度になります。原子はこのように実にすかすかになっています。

陽子１個の電荷は電荷を測る場合の最小単位で、化学の世界では＋1の電荷と表現します。原子の世界の電荷の量を、私たちの世界で電気を使う場合の単位であるクーロンで表すのはとても面倒なので、このように表します。実際には先ほど述べたようにとんでもなく小さな量です。

電子はマイナス（負）の電荷を帯びています。電子１個の電荷は-1.602×10^{-19} Cです。陽子１個の電荷の量と絶対値でまったく同じです。違うのはその符号だけです。電子の大きさは陽子よりさらに小さく、重さで言うと、陽子の約1840分の１しかありません。

ここで、これまでのことを整理します。原子は原子核と電子からなり、原子核の陽子は＋1の電荷を、電子は－1の電荷を持ちます。とりあえずこれだけを理解していただければ先に進めます。

いくつかの原子について、今までのことを確認しましょう。水素原子は世の中で最も単純な原子で、原子核には陽子が１個だけあり、電子が１個あります。正と負の電荷が１個ずつあるので水素原子は中性です。

私たち生物の体を作るうえで大事な原子である炭素原子の原子核には、６個の陽子と６個の中性子があります。電子は６個あるので、炭素原子も普通は中性です。水素原子以外のすべての原子の原子核には、陽子だけではなく中性子もありますが、化学反応を考える際には通常は中性子のことを考える必要がないので、これ以降は電子と陽子についてのみ考えることにします。

化学の教科書の裏表紙などに載っている周期表での各原

子の通し番号（原子番号）は、実は各原子の持っている電子の数を表しています。酸素原子の原子番号は8ですから、酸素原子が持っている電子は8個です。したがって酸素原子の持っている陽子の数も8個です。各原子は原子として存在するときはすべて中性ですから、電子の数と陽子の数は一致します。

原子核は原子の中心に点のように存在しており、原子の実際の大きさを決めているのは電子です。電子は原子の外側にあって、原子核のまわりを雲のように覆っています。ですから原子同士が近づいて分子を作る場合、原子核のずっと外側にある電子が重要な役割を果たすのです。原子同士をつないで分子を作り上げているのは、電子の働きなのです。

その様子を見ていくのがこの本の大きな目的ですから、「なるほどそういうことなのか」ということは本書を読み進むうちに感じることができると思います。この電子の働きがわかれば、化学だけではなく、分子が関係する様々な分野についても理解できるようになります。

I.3 極微の世界で成り立つ量子力学

量子力学とは電子や原子の世界で成り立つ物理学のことで、19世紀の最後から20世紀のはじめにかけてその基礎が築かれた学問です。現代の科学技術には、その考えを応用したものが多くあり、私たちはこの学問のおかげで得られた利便性を享受しています。

量子力学はやや複雑な数式を使って記述されるので、化学や生物学を学ぶ人達にはなかなかとりつき難い分野です。物理学をまったく勉強しなかった人には特に難解なものに映ると思います。しかし、その概念の基礎を理解するのはそれほど難しくなく、またそれを応用して化学や生物学の領域での現象を理解するためには難しい数式がわかる必要はありません（わかった方がよいのはもちろんですが）。

後でも述べますが、量子力学の原理を化学や生物学の問題に応用するためには膨大な計算が必要です。しかし、今では小さい分子についての計算なら普通の家庭にあるパーソナル・コンピュータでも楽々とやってのけます。50年ぐらい前であれば、１台何億円もするコンピュータを使わないと覗き見ることができなかった量子力学の世界が、今では家庭でさえ手軽に見ることができるようになったのです。

量子力学のエッセンスは「**電子が取り得る状態には限りがあり、それは量子数で決まる**」というものです。つまり、電子の取り得る状態は不連続であるというものです。

量子力学が誕生する前の力学では、世の中の物はすべて連続的になっていると考えていました。この考え方が長い間あったものですから、量子力学は最初、物理学者の間でも大きな論議を巻き起こしました。しかし、原子という「１つ１つが区別できる粒子」を古い物理学も認めていたのですから、この古い物理学（古典力学）の方がむしろ矛盾していたとも言えます。いずれにせよ、ある考え方に染まってしまうと別の考え方を受け入れるのが難しくなるのは、何も物理学の世界に限ったことではありません。なかなか難しいことですが、私たちはあることを信仰しながらも、人間の考えることの不完全さ（自分の不完全さ）をいつもはっきり意識している必要があると思います。

古典力学は私たちくらい大きい物体の世界においてはちゃんと成り立っていますが、原子や電子の世界では成り立ちません。もっと厳密に言えば、私たちの世界では、古典力学と量子力学の違いによる誤差は無視できるほど相対的に小さくなります。別の言い方をすれば、極微の世界ではその誤差が無視できないほど相対的に大きいということです。微量の薬の重さをきちんと測るときには、微風の影響まで考えなくてはいけませんが、何トンという砂利をダンプカーで運ぶときには、多少の風が吹いても、場合によっては暴風が吹いてもへっちゃらなことと同じです。

どうやっても正確には観測できない電子

私たちが物を見る場合、光を使っています。光がない真っ暗闇では、何がどこにあるか見えません。光は、実はエネルギーです。今、１つの電子の位置と動きを知りたいとします。その目的でこの電子に光を当てて観測するとします。電子の重さは非常に小さいので、どんなに小さなエネルギーの光を当てても、電子の動きに影響を与えてしまいます。ジャンボジェット機はそよ風くらいではびくともしませんが、小さい蝶はそよ風を受けてもゆらゆら揺れてしまいます。

つまり極微の世界では私たちが見ようとする対象に影響を与えないでそのもの（ここでは電子）の位置や動きを観測することは、本質的にできません。このことを難しい言葉で、「不確定性原理」と言います。厳密に言うと、電子などの位置と速度（正確には運動量）を同時には正確に知ることができないということです。

こうなると、電子１個、２個と数えてその位置と動きを知ることができなくなるわけですから、私たちが言えるのはせいぜいこの電子はどのあたりを動いているかということになります。これはどんなに観測技術が発達しても越えることができない自然の限界です。人間がどんなに努力しても免れられない原理です。本来観測できないものの位置を特定する議論はしても無駄ということです。

しかし、そうは言っても私たちが電子の挙動を知らなければ、電子の性質も、さらには原子そして分子の性質も知ることができません。どのようにすれば電子の行動を私たちは知ることができるのでしょうか。

量子力学はその扱い方を教えてくれます。量子力学の理論体系は大きく分けて２つあります。１つはハイゼンベルグが確立した「行列力学」に基づくもので、もう１つはシュレディンガーが作り出した「波動関数」に基づくものです。２つの方法は見た目にはずいぶんと違いますが、本質的に等価であることがすでに証明されています。化学の問題を扱う場合には、波動関数を使う方が圧倒的に便利ですので、この本ではその話のみをすることにします。

1・4 電子の挙動は波動関数で表される

すべての物体は波である？

電子は波として振る舞うことがわかっています。波というと、私たちは海の波、音波そして地震の波などを思い浮かべますが、光も波の性質を持っています。波は**図1-2**のように表すことができます。海の波の場合、海水が盛り上がったり沈み込んだりを繰り返し、その結果として海岸に波が押し寄せて来ます。この場合、海水が波を伝える役目（媒体）を果たしています。当たり前ですが、波が高ければ高いほどその波の威力（エネルギー）は大きくなります。また1秒間に押し寄せる波の数が多いほど、海岸はよく侵食されます。

電子に限らず、あらゆる物体は波として振る舞う可能性を秘めています。これはド・ブローイによって指摘され、その後のすべての実験事実は、この考えと矛盾しないことを示しています。ド・ブローイによれば、速度がvで動いている質量（重さと考えてよい）mの物体はすべて

$$\lambda = h/(mv) \tag{1-1}$$

という波長の波の性質を持っています。hはプランク定数という基礎定数（普遍定数）です。

仮に電子が光の10分の1の速度で動くと、その電子の波の長さは約0.24 Å（オングストローム：10^{-10} m）になります。

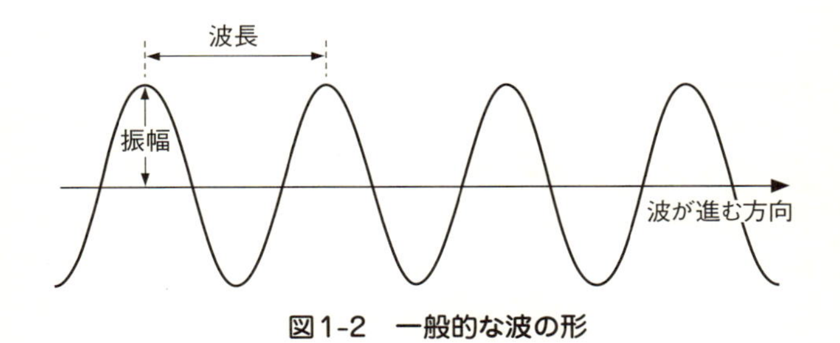

図1-2　一般的な波の形

$$\begin{aligned}\lambda &= h/(mv)\\ &= 6.63\times10^{-34}\ \mathrm{J\cdot sec}/(9.11\times10^{-31}\ \mathrm{kg}\times3.0\times10^{7}\ \mathrm{m/sec})\\ &= 2.43\times10^{-11}\ \mathrm{m}\\ &= 0.243\ \text{Å}\end{aligned}$$

また、陸上100 m走を10秒で走る体重100 kgの選手が持つ波の波長は約6.6×10^{-27} Å（$\lambda = h/(mv) = 6.63\times10^{-34}\ \mathrm{J\cdot sec}/(100\ \mathrm{kg}\times10\ \mathrm{m/sec}) = 6.63\times10^{-37}\ \mathrm{m} = 6.63\times10^{-27}$ Å）と極めて短いことがわかります。

私たちの目に感じる可視光線の波長は約3800～7800 Åとされますので、どちらの波も私たちにはとても見えるものではありません。100 mを10秒で駆け抜ける人がトラックの上で忽然と波にならないのは、その波長が極めて短く、私たちには波ではなく形のはっきりした物体として見えるからです。もちろん100 kgの選手に可視光線が当たっても選手がその光の圧力でよろけるわけではないので、私たちはその選手のスピードと位置を正確に知ることも可能です。

波動関数にチャレンジしてみよう

さて、原子の中の電子はどこかに粒になっているというより、原子の中を波として動き回っています。その波の動きとエネルギーを表現するために考え出されたのが波動関数です。

いま、ある電子の波の関数をψ（ギリシャ文字で「プサイ」と読みます）とすると、このψは次のような式を満足するはずであると、シュレディンガーは提案しました。

$$-\frac{h^2}{8\pi^2 m}\frac{d^2\psi}{dx^2}+U\psi=E\psi \tag{1-2}$$

hはすでに出てきたプランク定数です。mは電子の質量です。Eはその電子が取り得るエネルギーを表しています。電子は原子核のまわりを、原子核のプラスの電荷の影響を受けながら動いています。このとき、電子は運動エネルギー（電子が動いている速さによる）と位置エネルギー（原子核からどの程度引っ張られているかによる）を持っています。

電子に限らず、ある物体が持っている全エネルギーは一般に運動エネルギーと位置エネルギーの和によって表されます。空を飛んでいるジェット機は、その機体の重さとスピードによる運動エネルギーと、地上からどの程度の高度を飛んでいるかで決まる位置エネルギーを持っています。（1-2）式の$-\frac{h^2}{8\pi^2 m}\frac{d^2}{dx^2}$という項は電子の運動エネルギーを、$U$は位置エネルギーを表し、$E$はその合計です。ですから、(1-2) 式は、原子内を動く電子の運動エネルギーと位置エネルギーの合計が、その電子の持つ全エネルギーになることを示しています。実に当たり前のことを式にしてあるだけです。

この式に限らず、物理学ではこのように、「原因になるものをすべて足し合わせたものが、その原因である」という式を立てます。この式さえできれば、後はその式にしたがって計算すればよいわけです。物理学の式は一見複雑そうに見えても（実際に極めて複雑なものもありますが)、実はすべてこのような仕掛けになっています。

式を覚えるのではなく、そこに書かれている現象の意味を考えることが大事です。上の場合、「電子の持つ全エネルギーが運動エネルギーと位置エネルギーのみの合計で表される」ということです。

ところでψは、その電子の状態を表す関数です。この方程式を解く、すなわち (1-2) 式を満たすような電子のψ（電子分布）とE（エネルギー）を求めることにより、各電子のエネルギー、分布そして動き（正確には角運動量）を全部計算できます。つまり (1-2) 式が完全に解ければ、原子や分子の性質はすべて計算で求めることができるのです。(1-2) 式を解いて化学の問題を考えるのが量子化学であり、生物の問題を考えるのが量子生物学です。

(1-2) 式を波動方程式またはシュレディンガーの（波動方程）式と言います。(1-2) 式を解くだけで、化学や生物の世界のことが原則的にはすべてわかるのです。素晴らしいことだと思いませんか。

I・5 量子数で決まる電子の軌道

1つの原子の中の電子の分布は**図1-3**に示すように、球面座標を用いて表現することができます。原子核を原点におくと、原子核からの距離（動径）rと2つの偏角θおよびϕによって、電子の分布（位置）を指定できます。動径分布を$R(r)$で、偏角による分布を$Y(\theta,\phi)$で表せば、波動関数ψは、

$$\psi = R(r)Y(\theta,\phi)$$

で表現できます。ψは電子の存在状態を波で表現する関数ですから、電子が存在する確率は波の振幅が大きいところで高くなります。$R(r)$と$Y(\theta,\phi)$はかなり複雑な関数なので、ここでは示しません（興味のある読者は巻末の参考書の項に挙げてある量子力学の本を読んでください）。

量子力学が教える最も重要なことは$R(r)$と$Y(\theta,\phi)$の決定には、もう一組のパラメータが必須であるということです。このパラメータは整数であり、n、lおよびmで表現されます。つまり、n、lおよびmが整数でない場合には、そもそも$R(r)$と$Y(\theta,\phi)$が存在せず、したがってそこには波（ψ）が存在できません。

動径分布$R(r)$は、整数nとlによって規定されます。**図1-4**に水素原子内の電子が取り得る動径分布を示します。$n=1$で$l=0$の場合、その波動関数の動径分布は**図1-4(a)**のようになります。原子核付近には波の振幅の極大（波の山）があり、原子核付近に電子の存在する確率が非常に高

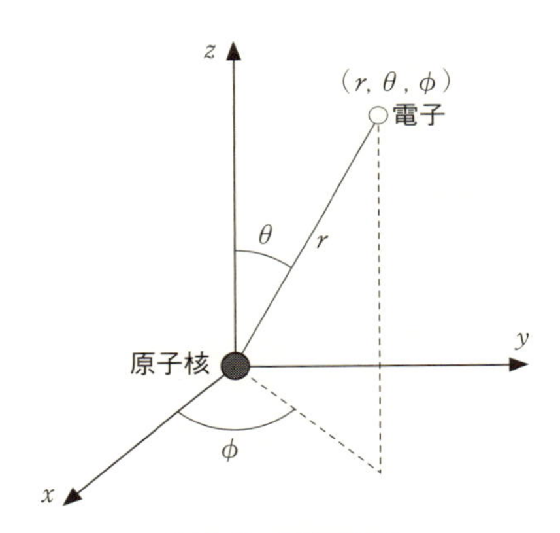

図1-3　球面座標

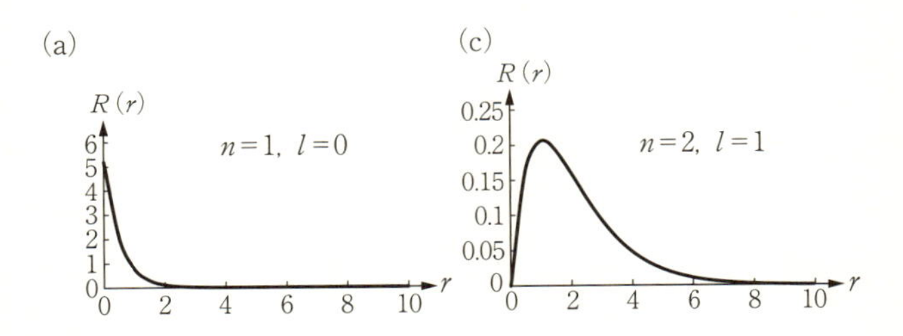

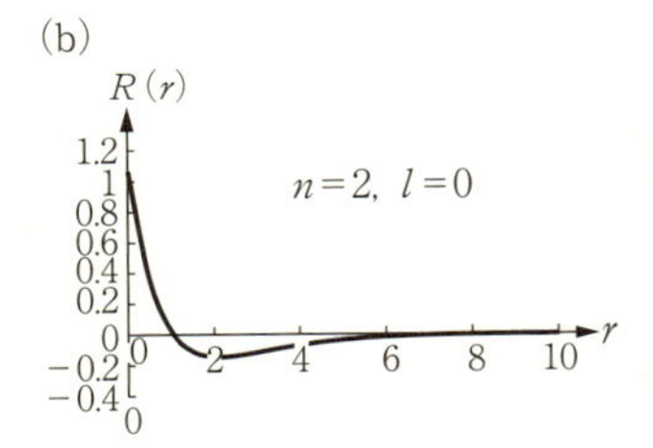

図1-4　水素原子内の電子の波動関数（動径分布）の形　各グラフの横軸は原子核からの距離（r）を示し、縦軸は波動関数（$R(r)$）の波の高さを示す

いことを示します。原子核から離れるにしたがって波の振幅は減少し、ゼロに近づきます。$n=2$で$l=0$の場合は、**図1-4(b)**のような波の形になります。原子核付近に振幅の極大（山）があることは$n=1$で$l=0$の場合と変わりませんが、原子核から少し離れたところに、波の谷があるのが特徴です。その谷も原子核からずっと離れると、その深さは減少し、振幅はゼロに近づきます。$n=2$で$l=1$の場合の波は**図1-4(c)**のようになります。この場合、原子核上では波の振幅はゼロであり、原子核から少し離れたところで、振幅は極大（山）になります。山を過ぎると振幅は次第に減少していきます。このように波そのものは連続的に存在していますが、どの波が存在できるかを整数nとlが決めています。つまり$n=2.3$とか$l=1.6$などの、nやlが整数でない条件では、波はそもそも存在し得ないことを量子力学は教えてくれます。

$Y(\theta,\phi)$は整数lとmによって決定され、$R(r)$と同様に、それ以外の条件では波（波動関数）は存在しません。波動関数の存否を決めるn、lおよびmのような整数を「量子数」と呼びます。「量子力学」の名前はまさに、この量子数から来ているものです。

したがって、波動関数ψは一般的に、

$$\psi_{n,l,m}=R_{n,l}(r)Y_{l,m}(\theta,\phi)$$

と表現されます。つまり、量子力学によって求められる波動関数は、電子の分布が３つの整数の組（n、lおよびm）で決定されることを示します。連続的な実数ではなく、離

散的な整数であることが重要なポイントです。これが量子力学のエッセンスである「電子が取り得る状態には限りがあり、それは量子数で決まる」ということです。n、lおよびmをそれぞれ主量子数、方位量子数および磁気量子数と呼びます。

主量子数

主量子数は、電子が原子核からどの程度離れて分布するかを決めます。また、nが大きいほど（原子核から離れるほど)、エネルギーが高い状態です。したがって、電子は主量子数がなるべく小さい（つまり原子核に近い）状態を通常取ります。さらに、１つの原子の中で、特定の主量子数で決まる状態を取れる電子の最大数には制限があります。例えば、nが１、２、３および４の状態には各々２、８、18および32個までの電子が存在できます。原子核から離れるほど、電子の占める空間が広がるので、収容できる電子の数も増えます。

主量子数nが１の状態にある電子の波動関数の断面を**図1-5**に示します。波は球対称に分布し、中心に原子核があります。原子核からある距離までは正（プラス）の振幅を持った波として存在します。このように電子はどこか一点に粒として存在するのではなく、原子核のまわりにあたかも雲のように分布しています。このような状態は「電子雲」と表現されています。

電子はこの球内にほとんど存在しますが、この球外に存在する確率も決してゼロではありません。少し抽象的な表

図1-5　1s軌道

現に聞こえるかもしれませんが、全空間でこの電子の存在する確率はゼロでなく、かつ全空間でその確率を合計すると1になるということです。

方位量子数

主量子数が2以上の場合には、電子は球状だけでなく、別の形状でも分布できます。この形状を決めるのが方位量子数lです。主量子数がnの場合、方位量子数lは0、1、2、…、$n-1$の状態を取ります。これも整数個で、合計n個の状態しか取り得ません。これも量子力学から導かれる結論であり、現実もまさにそうなっています。

主量子数$n=1$の場合には、方位量子数lは0の状態のみを取ります。電子が存在する領域のことを習慣的に「軌道」という言葉で表現します。方位量子数$l=0$の電子は球状に分布し、その分布を「s軌道」と呼びます。主量子数$n=1$の場合は、1s軌道と呼ばれます。すなわち、図1-5は1s軌道の波動関数の分布を示します。

$n=2$の場合、方位量子数lは0と1を取ります。$n=2$で$l=0$の電子の軌道は2s軌道です。**図1-6**に、2s軌道の断面を示します。この場合も原子核は球の中心にあります。原子核の近傍では振幅はプラスですが、ある距離で振幅はゼ

図1-6　2*s*軌道

図1-7　2*p*軌道

ロになり、その先では振幅が負（マイナス）の波として存在します（図1-4(b)）。振幅がマイナスの波の部分を図1-6では薄い色で示しています。振幅がマイナスであっても、波は存在しています。電子は1*s*の場合よりずっと外側まで（原子核から離れて）分布します。

さて方位量子数$l=1$の場合には電子の波はどのように分布するのでしょうか？　まずは**図1-7**にその１つの例を示します。この場合も原子核は電子分布全体の中心にあります。電子の分布（軌道）は球状ではなく、ちょうど筋力トレーニングに使うダンベルのような形になります。すなわち、図1-4(c)に示したように、電子は原子核上には存在しません。このような電子分布を「*p*軌道」と呼びます。主量子数が２ですから、2*p*軌道ということになります。

式（1-2）から求めた波動関数ψは、電子の軌道（分布）

を表現し、その波は図1-2に示す性質を持っています。波はx軸に対してプラス側（山）とマイナス側（谷）からなっています。p軌道の場合、ダンベルの右側と左側では波動関数の符号が異なります。図1-7では、右側の振幅がプラスであり、左側の振幅はマイナスです（薄い色で示しています）。すなわち、波としての性質を持つため、原子軌道の波動関数はプラスとマイナスの符号を持ちます。この符号の意味は本書の後の方で説明します。

磁気量子数

方位量子数lが１であるp軌道は実は１個ではなく、３個あり得ます。図1-7に示すように、p軌道はs軌道とは異なり、３次元空間に異方的に分布します。したがって、**図1-8**に示すように、１つのp軌道がx軸上にあるとすると、まったく等価なp軌道がy軸およびz軸方向にも存在でき、それらの軌道のエネルギーも等価になります。

先ほど、2p軌道は波動関数のプラスとマイナスの領域からなるとお話ししましたが、このことはp軌道が小さな棒磁石として振る舞うことを示します。仮に図1-7で色の濃い部分をS極そして薄い部分をN極とみなすとわかりやすいかもしれません。これらの棒磁石に外部磁場をかけると、外部磁場の方向に棒磁石は配向します。つまり、p軌道には、磁場による配向の異なる独立な３個の軌道が存在します。

磁場による状態の量子化を規定するのが磁気量子数mです。方位量子数lが１であるp軌道の場合には、磁気量

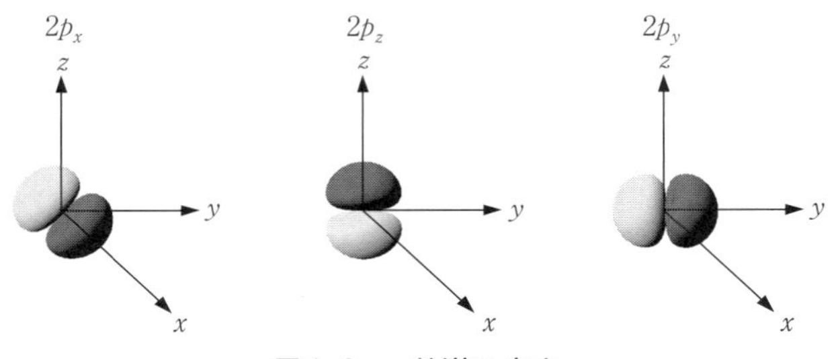

図1-8　p軌道の向き

子数mが-1、0および1の3つの異なる状態を取り得ます。一般化すると、方位量子数lの軌道は、$-l$、$-l+1$、$-l+2$、…、0、1、2、…、$l-2$、$l-1$、lの合計$2l+1$個の異なる磁気量子数mを取ることを量子力学は教えてくれます。

スピン量子数

さて、これまでの話から、原子の中にある電子は主量子数n、方位量子数lそして磁気量子数mで決まった軌道（状態）にのみ存在することがわかりました。それでは、1つの軌道には、いくつの電子が入れるのでしょうか？実は電子は異なる方向に自転（スピン）でき、2つの異なるスピンを持つ電子が対になると安定になる性質を持っています。すなわち、n、lそしてmで規定される1つの軌道に電子は2個までしか入ることができません。電子のスピンを決める量子数はsで示されます。これまでの量子数とは異なり、スピン量子数は$+1/2$と$-1/2$で表されます。

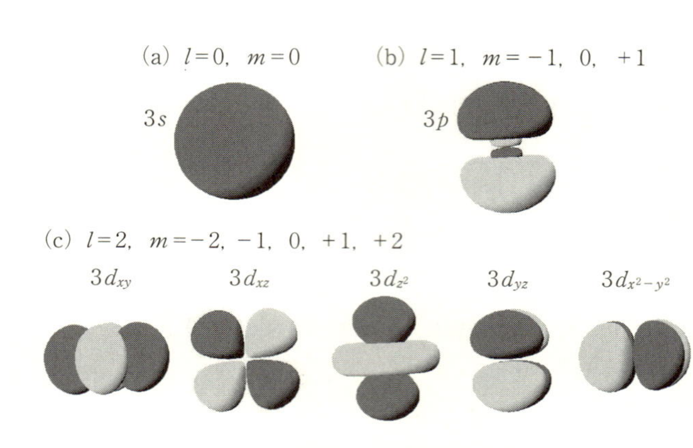

図1-9　主量子数n=3の場合の電子の軌道

主量子数が３以上の場合

以上のことを踏まえて、主量子数$n=3$の場合を考えてみましょう。$n=3$のときは、方位量子数lは０、１そして２を取ります。$l=0$は3s軌道であり、**図1-9(a)**に示すように球状になります。球状なので、外部磁場に対しては等方的になります（磁気量子数が０）。

$l=1$の3p軌道は磁気量子数mが−1、０および+1の状態を取ります。その１つを**図1-9(b)**に示します。2p軌道より、やや複雑な形になりますが、明確に方向性を持った軌道であることがわかります。3p軌道では、2p軌道より原子核から少し遠い位置に電子が分布します。そしてこのp軌道がx、yおよびz方向の独立な３方向に分散して存在します。ここまでは、復習です。

それでは方位量子数$l=2$の場合を考えます。この場合、磁気量子数が－2、－1、０、＋1および＋2の５つの軌道を取り得ます。これらの軌道の形を**図1-9(c)**に示します。$l=2$の軌道はd軌道と呼ばれます。５つの軌道は複雑な形を取ります。金属の化学的性質や外部磁場に対する挙動は複雑ですが、そうした性質はこの複雑なd軌道の形によります。方位量子数の値がさらに大きな軌道では軌道の形や挙動はさらに複雑になります。d軌道以上の軌道に関する話は本書の範囲を超えますので、ここでは省略します。

いくつかの原子の中の電子

話が少し抽象的になりましたので、これまでの整理を含め、ここで皆さんお馴染みの６種類の原子について具体的な話をします。

まずはいちばん単純な水素原子です。水素原子には１個しか電子がありませんので、最もエネルギーの低い主量子数$n=1$の軌道に電子が入ります。方位量子数$l=0$ですから、磁気量子数$m=0$であり、軌道は球状の$1s$軌道です。電子は１個しかありませんので、$1s$軌道にスピン量子数＋1/2の電子が入ります。どちら向きのスピンの電子が入っても構わないのですが、ここでは最初に軌道に入る電子のスピンを＋1/2とします。**図1-10(a)**のような模式図が、電子が占める軌道の説明によく使われます。電子はこのように矢印で示します。ここでは＋1/2のスピンを上向きの矢印で示します。

ヘリウム原子（**図1-10(b)**）には２個の電子があり、そ

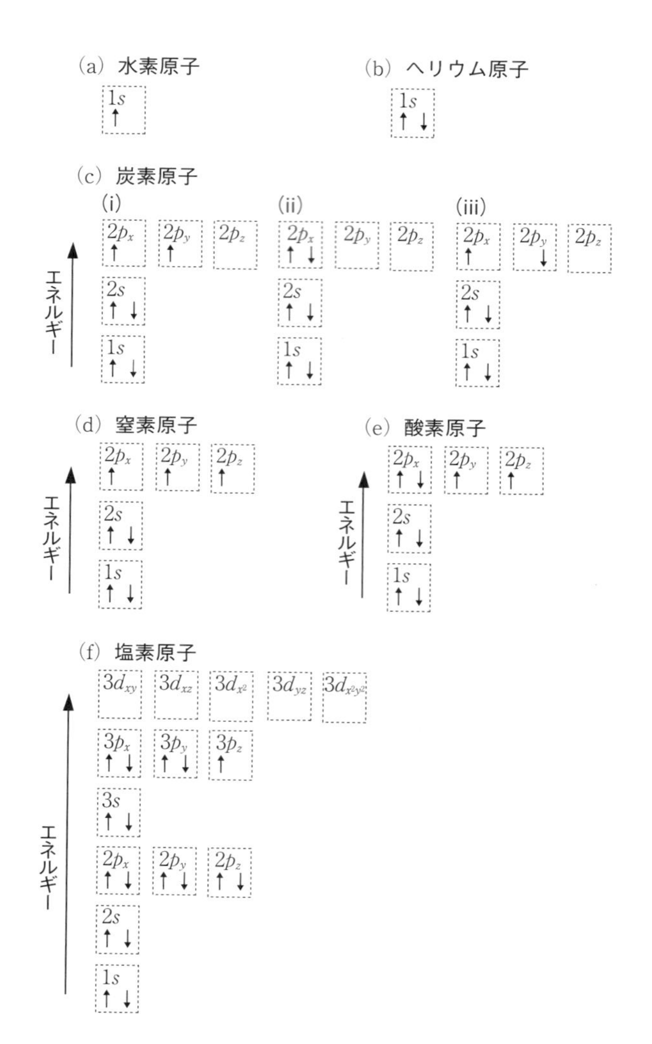

図1-10　原子の中で電子が占める軌道

の２個はスピンが逆向きで1s軌道に入ります。このように逆向きに電子が入ると、この軌道は安定になります。さらに主量子数$n=1$の軌道の電子の定員が満足されるので、ヘリウム原子の状態は非常に安定になります。主量子数の電子定員を満たす原子はすべて安定に存在します。次に有機分子に多く含まれる炭素、窒素そして酸素原子について見てみましょう。

炭素原子には６個の電子があります。まず主量子数$n=1$の1s軌道に２個の電子が入り、1s軌道は安定になります。残りの４個の電子は主量子数$n=2$の軌道に入ります（**図1-10(c)**）。方位量子数が0(2s)と1(2p)の軌道のうち、より安定な2s軌道にまず２つの電子が入ります。エネルギーがより高い2p軌道に残りの２個の電子が入りますが、外部磁場がないときには３個の2p軌道のエネルギーは等しいので、その入り方には３通りの可能性があります。左詰めで電子を入れるとしても、図1-10(c)の（i）、（ii）および（iii）の方法が考えられます。（i）では、スピンの方向が揃った電子が、$2p_x$および$2p_y$に入ります。（ii）では、逆向きのスピンで対になった電子が$2p_x$のみに入ります。（iii）では、逆向きのスピンを取る電子が$2p_x$および$2p_y$に分散して入ります。どの方法を実際には取るのでしょうか？

量子力学は（i）の方法で入ることを教えてくれます。同じエネルギーの軌道が複数ある場合には、可能な限り分散した軌道に電子は入り、かつスピン状態も可能な限り平行になるように入ります。電子はできるだけのびのびと分布したいという性質を持っています。３つ部屋があるときには、シェアする必要がないなら、すべての部屋を利用するように分布します。また、お互いがぶつからない（電子間の反発を少なくする）ようにいるためには、反対向きに回るより、同じ向きで回っていた方がずっと有利です。狭い部屋の中で、二人の人が反対回りで走ったら、ぶつかることがしょっちゅうだと思いますが、同じ方向に回っていれば、ぶつかる確率はずっと低くなります。したがって、(i) のような軌道を炭素原子中の電子は取ります。

窒素原子には７個の電子があります。1sおよび2sまでは炭素原子と同じです。2p軌道には空室が１個ありますので、上で述べた規則にしたがい、2p_zに電子は入ります。スピンはすべて平行になります（**図1-10(d)**）。８個の電子を持つ酸素原子では、さらに１個2p軌道に入りますので、**図1-10(e)**に示すように、2p_xに２つの電子がスピンを逆にして入り、対を作ります。2p_yや2p_zに入るとしてもよいのですが、それは名前だけのことなので、習慣として2p_xに２つ入るように考えます。

最後にもう少し電子の多い場合を見てみます。電子を17個持つ塩素原子です。主量子数が１と２までの軌道全部に電子が入ると、10個になります。3sに２個入り、残りの５個が3p軌道に入りますので、**図1-10(f)**のように各軌道に電子が入ります。3d軌道には、電子は入りません。量子数と軌道の話は何となく難しく思えたでしょうが、実際上は、図1-10で示すことに要約されます。

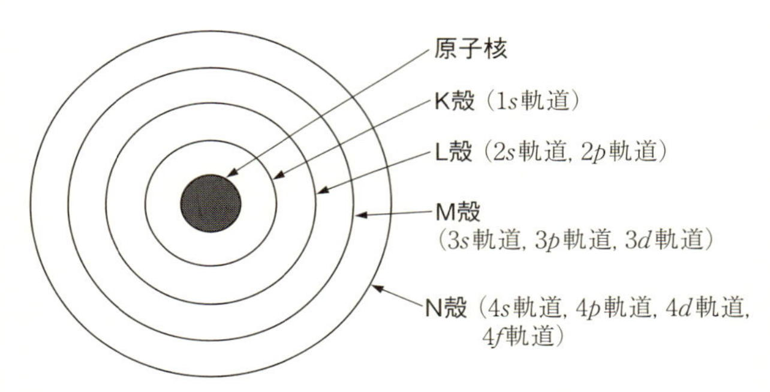

図1-11　電子殻　原子核のまわりで電子が分布するところ

反応の鍵を握る価電子

1つの主量子数で決定される電子分布は1つの以上の軌道から構成されることを説明してきました。主量子数で決定される複数の軌道上の電子分布をまとめて「電子殻」と呼びます。原子核のまわりに複数の球殻状の領域が存在し、そこに複数の軌道が集まっていると考えるとわかりやすいからです。これらの電子殻は**図1-11**に示すように、主量子数1、2、3、4、…に対応して、K、L、M、N殻等々と呼ばれています。電子殻はあくまで便宜上考えたモデルであり、これまで述べてきたように電子殻の中にある複数の電子はその量子状態によって空間的に異なる分布をします。

原子核から遠い殻（外殻）にある電子ほどエネルギーが高いので、外殻の電子（外殻電子）は化学的により活発です。電子が実際に占めている最も外側の殻を特に最外殻と言い、最外殻にある電子は分子を作ったり、変化させたりといった化学反応や原子の個性を決めるうえで最も重要な役割を果たします。そこで、最外殻にある電子を特に「価電子」と言います。価電子以外の電子を内殻電子と言います。ほとんどの内殻電子はおとなしい性格をしていて、化学的な現象の表舞台に出てくることはあまりありません。つまり、化学現象を理解するためには、価電子の挙動を知ればよいのです。

例えば、炭素原子の場合、価電子はL殻（主量子数$n=2$）にある4つの電子です。すなわち、$2s$および$2p$軌道にある4つの電子が化学反応を考えるうえで重要です。同様に窒素原子と酸素原子の場合はL殻（主量子数$n=2$）の5個および6個の電子が価電子です。

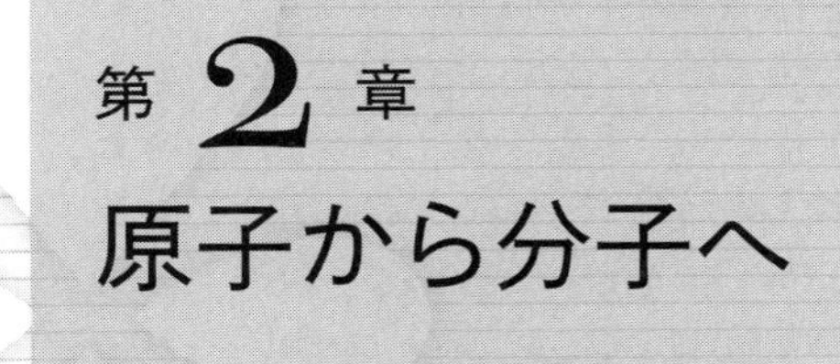

第2章 原子から分子へ

2.1 原子から分子へ

「原子の電子」が「分子の電子」へ

原子の中の電子の様子を第1章で見てきました。電子は原子の中で決まった状態をエネルギーの低い順に占めること、電子は特定の領域（軌道）に存在すること、そうした電子の挙動は波動方程式で計算できることなどを述べてきました。私たちは分子の性質を知ることが目的ですから、先を少し急ぎます。

原子が電子を出し合って化学結合を作り、そして分子ができあがります。分子になると、もともと各原子にあった電子は、分子全体を動き回れるようになります。

分子がどんな性質を持つかは、電子が分子内でどのように分布するかで決まります。分子の波動関数を計算すると、分子全体にわたる電子の挙動を知ることができます。この目的で、「分子軌道法」という方法が考案されました。この方法を使うと、原則として、どのような分子の性質も理論的に求めることができます。つまり、どのような分子でもその性質を計算で知ることができるということです。

水素分子はなぜH_2なのか

ここで、最も簡単な水素分子について考えることにしましょう。水素分子は2つの水素原子からできています。元素記号で水素はHであり、水素分子はH_2で表されることは皆さんよくご存知のことと思います。

では、なぜH原子は２つ集まるとH_2分子になるのでしょうか。H_2分子は安定で、そのままにしておいても、容易にH原子には分かれません（もちろん火をつけると燃え、水分子になりますが）。どうしてでしょうか。この実に簡単な、そして化学の基礎の基礎は、量子力学で説明されるまではよくわかりませんでした。化学は20世紀の初め頃までに随分進歩していましたが、こんなことすら説明できなかったのです。

皆さんが勉強していることの中でも基礎の基礎のところは、よく考えてみるときちんと説明されていないことが案外多いものです。「どのようになっていますか」という質問には答えやすいのですが、「なぜそうなっていますか」という質問にはなかなか答えることは難しいものです。

話を水素分子に戻しましょう。水素原子は陽子１個からなる原子核と、そのまわりを回る１個の電子からできています。水素原子の電子は1*s*軌道にありますから、**図2-1(a)**のように水素原子のまわりを球状に取り囲んでいます。AとBの水素原子が近づいていくと、**図2-1(b)**のように次第に２つの1*s*軌道は重なり、もっと近づくと、それぞれの電子はAとBの原子の２つの1*s*軌道にわたって分布するようになります。**図2-1(c)**のようになると、もともとAやBの原子のみに属していた電子が分布する範囲がずっと広くなります。

私たちも広い場所を与えられると、のびのびとその広いスペースを利用するようになります。この性質は物理学の

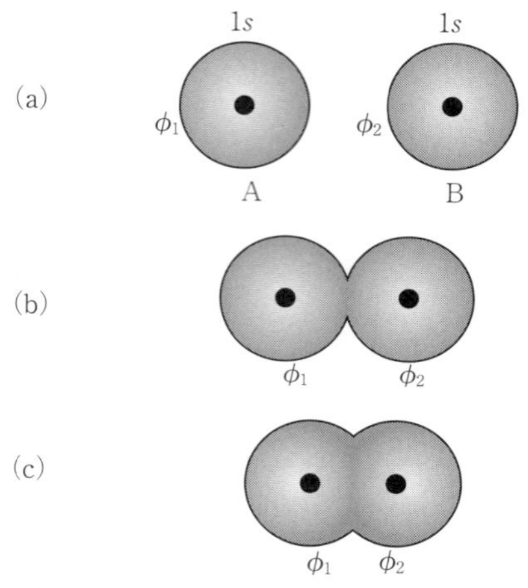

図2-1　水素原子から水素分子へ

基本法則の１つです。私たちに限らず、すべての物体はのびのびとありたいのです。小学校１年生を教室の中に押し込めておくのが難しいのも、実は自然の理にかなったことなのです。

2.2 原子軌道から分子軌道へ

図2-1(c)のような状態になったものが水素分子です。私たちが知りたいのは、その水素分子中の電子の挙動です。A原子の電子が存在する原子軌道をϕ_1で、B原子の電子が存在する原子軌道をϕ_2で表すと、非常に簡単なことに、２つの原子軌道を重ね合わせた全体の状態ψはそれらを単

に加え合わせたもので表されることがわかっています。つまり、２つの原子軌道の重ね合わせは、それらの波動関数の線形結合になります。ϕはギリシャ文字で、「ファイ」と読みます。式で表せば

$$\psi = c_1\phi_1 + c_2\phi_2 \tag{2-1}$$

となります。ψは２つの水素原子の間を動き回る電子の状態（波動関数）を表します。c_1とc_2はϕ_1とϕ_2の割合を表す係数です。例えば、$c_1=1$で$c_2=0$の状態はA原子上にのみ電子が存在する場合です。つまり、c_1とc_2は２つの電子をどのように混ぜあわせるか、その程度を表す数字です。

ϕを原子軌道と言うのに対して、ψを「分子軌道」と言います。分子軌道は、その分子を作る各原子中の電子の原子軌道を、(2-1) 式のようにすべて足し合わす（線形結合する）ことで表現できます。実に簡単な考え方だと思いませんか。

一般的な場合としては、n個の原子軌道が分子内にあるときの分子軌道は、

$$\psi = c_1\phi_1 + c_2\phi_2 + c_3\phi_3 + \cdots + c_n\phi_n \tag{2-2}$$

となります。もちろんここでϕ_1、ϕ_2、ϕ_3、…、ϕ_nは、もともとの原子の中で各電子がいた原子軌道のことです。言い換えると、分子を作る各原子中の電子の軌道（原子軌道）がわかれば、分子全体の電子の状態は分子軌道から知ることができるということです。

分子の中を動き回る電子の挙動を表しているのが「分子

軌道」ということです。各原子の原子軌道はすでに述べたように決まっていますから、それらを使って「分子軌道を求めることは簡単そうだ」ということはおわかりになるでしょう。

2.3 分子軌道を求めるには

ψを求めるとは、(2-2) 式でc_1、c_2、…、c_nの係数を求めることです。どのように分子軌道を求めるか。そのごく簡単な説明をします。少し戻って (1-2) 式を見てみましょう。この式は

$$-\frac{h^2}{8\pi^2 m}\frac{d^2\psi}{dx^2}+U\psi=E\psi$$

と少し恐ろしい形相をしていますが、この式をよく見ると、左辺にも右辺にも共通のψがあります。左辺のそれをくくり出してみましょう。式は次のようになります。

$$\left(-\frac{h^2}{8\pi^2 m}\frac{d^2}{dx^2}+U\right)\psi=E\psi \qquad (2\text{-}3)$$

高等学校までの数学ではこのような形の式は出てこないので、少し違和感があるかもしれません。しかし、わからないと決めつける前に、数式というよりこの形式に込められた意味を考えてみましょう。

左辺のかっこの中は、「分子軌道ψを観測する条件」を与えています。つまり、すでに述べましたが、「分子軌道

ψの中を動き回っている電子の運動エネルギーと位置エネルギーを観測する」という条件です。このような観測する条件を与える式を「ハミルトニアン（Hamiltonian）」と呼びます。いちいち（2-3）の左辺のように書くのが面倒なので、よく左辺のかっこの中をH（ハミルトニアンの頭文字のHです）という記号で表します。このようにすると、（2-3）式は、

$$H\psi = E\psi \quad (2\text{-}4)$$

と非常に単純な形になります。式を使う最も大きな魅力は物事を単純化して、見通しを良くすることにあります。（2-4）式は「ψという分子軌道に存在する電子のある状態を観測すると、その全エネルギーはEになる」ことを示しています。

ですから（2-4）式は、HとψをかけたものとEとψをかけたものが等しい、という単純な関係を示したものではありません。したがって「両辺をψで割って……」などということはもちろんできません。

私たちはここで実際に分子軌道を「観察」する訳ではなく、理論的にそれを計算で求めます。「観察する条件」に対応するのが「計算する条件」です。分子の全エネルギーを計算する条件（関数）がハミルトニアンです。粗い関数のハミルトニアンを用いると粗い計算結果しか得られませんが、精度の高いハミルトニアンを用いれば非常に真に近い結果が得られます。しかし、精度の高いハミルトニアンを用いた計算には膨大な時間がかかります。そこで、私た

ちは目的とする結果をきちんと出してくれる最も経済的な方法を選ぶ必要があります。なんでもかんでも最高の物を使えばよいというものでもありません。

2・4 分子軌道ψの性格を知る

ψは電子を波として表現したときの波の形を表しています。**図2-2(a)**を見てください。波の形が描いてあります。波は山の部分と谷の部分を持っています。**図2-2(b)**のように同じ形をした2つの波の山そして谷が重なると、山の高さと谷の深さは2倍になります。ところが**図2-2(c)**のように同じ山と谷を持っていても、山と谷、谷と山がかち合うと、2つの波は互いに相手をつぶしてしまい、波がまったくない状態になります。つまり図2-2(b)のような場合には波は強め合い、図2-2(c)のような場合には波は打ち消し合います。

したがって、ψという波の式は符号を持っていると考えることができます。この場合、同じ符号（波の山同士そして谷同士）の波は強め合い、違う符合（山と谷）の波は打ち消し合うということです。波の形だけでなく、波のずれを表現するために物理学ではψを実数ではなく複素数で表します。

ψ自身はプラスとマイナスの符号を持つため、どの程度の密度で電子が集まっているかをψで表すのは不便です。つまり、マイナスといっても、それは単に波の谷が来ているだけで、そこにはちゃんと電子がいるからです。しかし

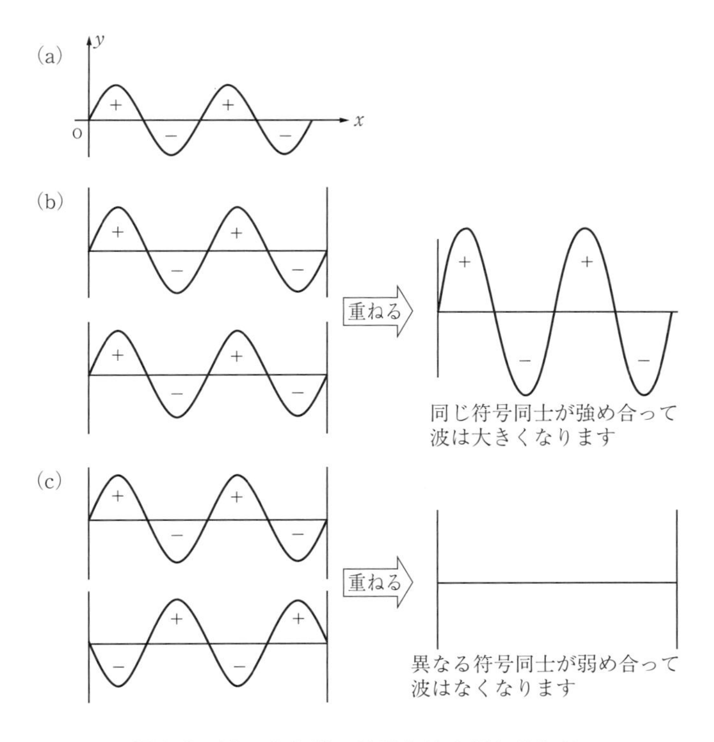

図2-2　波の山と谷の符号と波の重ね合わせ

ψ^2（ψを複素数で表すときには$\psi^*\psi$；ψ^*はψの共役複素数です）を使えば、その値はどこでも正ですから、どこにどの程度の密度で電子が存在しているかを表すことができます。この目的からは、ψの絶対値を使ってももちろん構いませんが、普通はψ^2を使います。**図2-3**にこの関係を

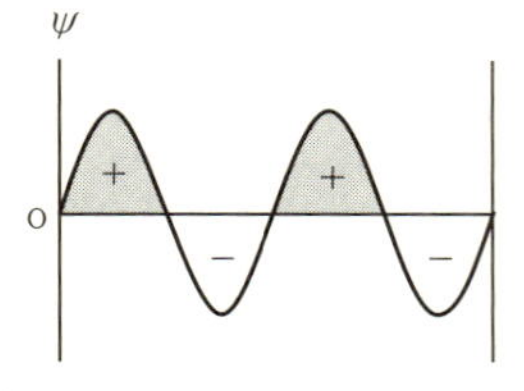

+と−の符号のところがあります

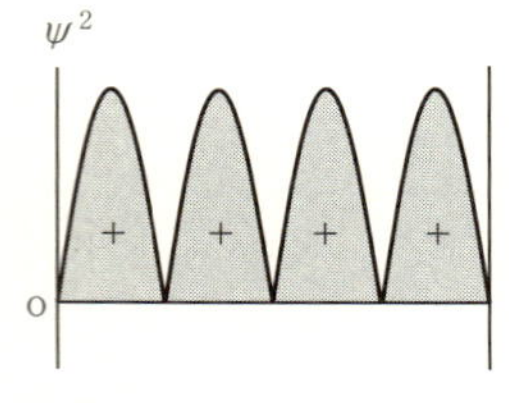

すべて+の符号になります

図2-3　ψとψ^2の関係

示します。

すでに不確定性原理の説明をしましたが、電子の位置については「ここに」とか「あそこに」というように特定することはできず、「このあたり」とか「あのあたり」としか言うことができません。図2-3でψ^2が大きいところに電子を見出す確率が高いのです。ψのことを波動関数と言うのに対して、ψ^2は「確率密度関数」と呼ばれています。電子がどの程度の密度で分布するか、その確率を示しているからです。

1つの電子を考えると、たとえそれが波の性質を持っていても、まぎれもなく1つの電子です。したがって、その電子をどこに見つけるかという確率をすべての場所について足し合わせれば、1にならなければなりません。つまり全空間について考えると、この電子は必ず合計で1個なければならないということです。電子は自由に動き回るので、その立ち寄り先として可能性のあるところを全部チェックしなければならないということです。このことを式で

表せば、

$$\int \psi^* \psi d\tau = 1 \tag{2-5}$$

となります。ψが実数であれば、$\int \psi^2 d\tau = 1$です。$d\tau$は電子がいる場所を意味し、$\int$（積分記号）と組み合わせ、考え得る全空間という意味になります。全空間について電子がいる確率を足し合わせると、それが1になることを示しています。当たり前ですね。

このように、当たり前のことをコツコツと積み重ねていくのが物理学です。最終的には恐ろしく複雑なことを考えるにしても、その基となっているのはこのような当たり前の（ちゃんと確認のとれる）事柄の積み重ねです。

2・5 水素分子の分子軌道を求める

水素分子の分子軌道

ここで、いちばん簡単な水素分子の場合を考えてみましょう。水素分子の分子軌道ψが次のように書けることはすでに説明済みです。

$$\psi = c_1 \phi_1 + c_2 \phi_2$$

分子軌道を求めるとは、各原子軌道の係数を求めることと、分子軌道のエネルギーを求めることです。

その求め方を理解するにはある程度の数式を追う必要があります。ここでは、その説明を省きますが、巻末の付録

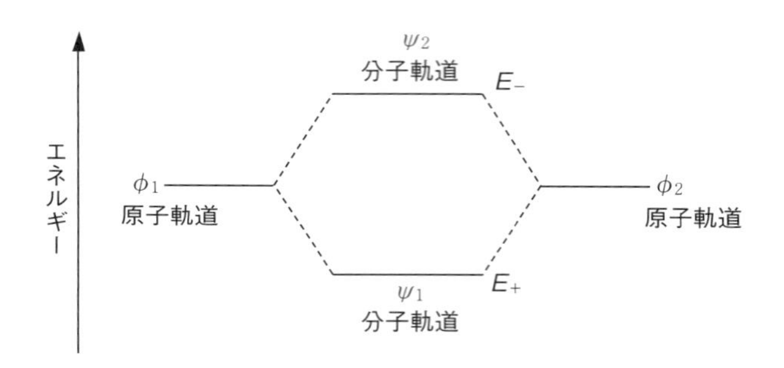

図2-4　原子軌道と分子軌道のエネルギー

にその簡単な補足説明をしてあります。高校生でも数式にある程度自信のある方は、その説明を読んだ後で、またここに戻ってください。以降の説明がより理解しやすくなるはずです。数式に自信のない人は、本書を通読した後、適当なときに是非チャレンジしてみてください。丁寧に追えば、それほど難しいものではありません。

さて、水素分子の分子軌道の計算を行うと、２つの水素原子の原子軌道ϕ_1およびϕ_2から、水素分子の分子軌道が２個求められます。**図2-4**に示すように、この２つの分子軌道ψ_1とψ_2はエネルギー的に大きく異なります。ψ_1のエネルギーは元になる原子軌道のエネルギーより低く、逆にψ_2のエネルギーは元になる原子軌道のエネルギーより高くなります。つまり、元の原子軌道より安定な分子軌道と、不安定な分子軌道が求められます。

水素分子の場合、２つの水素原子は２つの分子軌道にまったく等価に貢献していますから、c_1とc_2の絶対値は等し

くなります。つまり２つの分子軌道の式は

$$\psi_1 = \frac{1}{\sqrt{2}}\phi_1 + \frac{1}{\sqrt{2}}\phi_2 \text{および} \psi_2 = \frac{1}{\sqrt{2}}\phi_1 - \frac{1}{\sqrt{2}}\phi_2$$

となります。$\frac{1}{\sqrt{2}}$の係数が現れる理由は、$\int \psi^2 d\tau = 1$から明らかでしょう。２つの原子軌道からは２つの分子軌道が作られます。同様にn個の原子軌道からはn個の分子軌道が作られます。

量子力学が明らかにしたH_2になる理由

それでは電子がこれらの分子軌道にどのように分布するのか、次に考えてみましょう。

いまの場合、電子は２個しかありません。原子軌道の場合と同様に１つの分子軌道にはスピンの異なる電子が２個だけ入ります。世の中はすべて安定化する方向に進みますので、２つの電子はためらわずにψ_1という安定な分子軌道にスピンを逆にして入ることを望みます。

実際も**図2-5**に示すように、元の原子軌道よりエネルギーが低いψ_1という分子軌道に、２つの水素原子からの電子が１個ずつ対になって入ることになり、元の１つずつの原子の状態より安定になります。H原子は１つずつ電子を出し合い、それらをψ_1という分子軌道の中でペアにして共有することにより安定化しているのです。これこそ化学の教科書に出てくる「共有結合」そのものなのです。

ψ_1を電子が占めると安定化し、２つのH原子はきつく結ばれ、離れ難くなります。そこでψ_1のような分子軌道

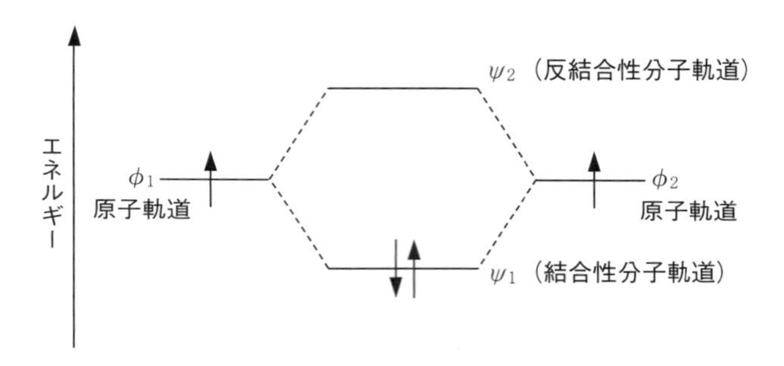

図2-5　分子軌道への電子の入り方

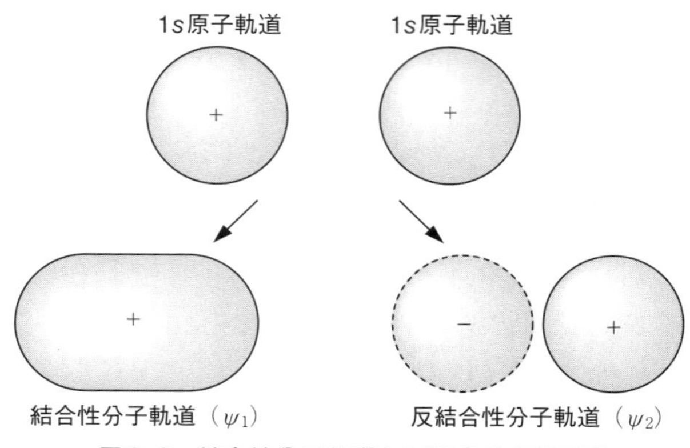

図2-6　結合性分子軌道と反結合性分子軌道

を「結合性分子軌道」と呼びます。それに対し、ψ_2に仮に電子が入ると、その状態のエネルギーは元の原子の状態のエネルギーより高くなるので、通常はψ_2に電子が入ることはありません。もしψ_2に電子が入ると、むしろ２つの原子を引き離す働きをしてしまいます。そこでψ_2のことを「反結合性分子軌道」と呼びます。

図2-6に、２つの水素原子の原子軌道から結合性および反結合性分子軌道ができあがる様子を図解しました。この図はもちろん波動関数を表しています。結合性分子軌道では、２つの原子核を包むようにプラスの波動関数が覆っており、２つの原子核の間に電子が充分な確率で存在できることを示しています。

これに対して、反結合性分子軌道では一方の原子のまわりには正の波動関数がありますが、他方の原子のまわりには負の波動関数があります。さらに２つの原子核の間にはまったく波動関数が分布していない（ゼロ）ことがわかります。つまり反結合性分子軌道に、もし電子が入ったとしても、２つの原子核を引きつけることはなく、むしろ引き離すように作用します。このことが反結合性分子軌道の名前の由来です。

2・6 He_2分子が安定に存在しないわけ

反結合性分子軌道の性質がわかったところで、ついでにHe_2分子について考えてみましょう。He原子が作る分子です。高等学校の化学を習った人なら、そんな分子の話など

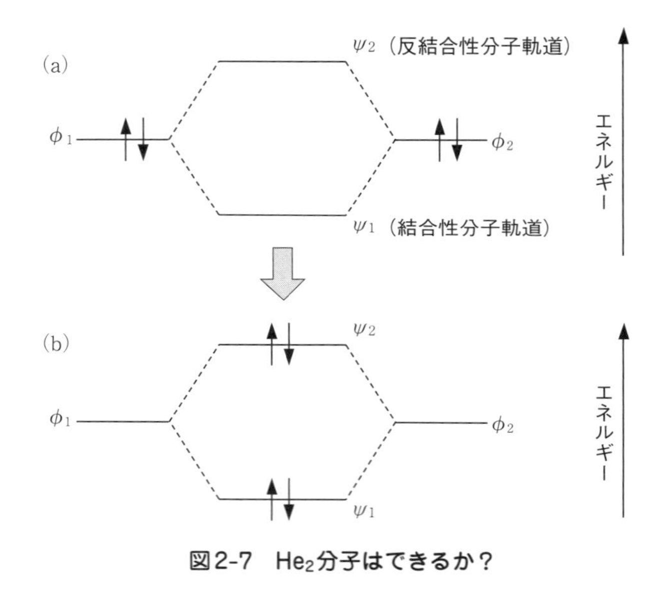

図2-7　He_2分子はできるか？

聞いたこともないとおっしゃるかもしれません。そうです。He原子自身が安定であるため、He_2分子は存在しないのです。

しかし、その理由をもう少しもっともらしく理解するには、分子軌道を考えれば一目瞭然です。He原子の1s軌道には2つの電子があり、それが持っている電子のすべてです。水素分子の場合から類推すると、He_2分子の中の分子軌道は**図2-7(a)**のように考えられます。水素分子とは異なり、He_2分子では**図2-7(b)**のように分子軌道ψ_2にもψ_1と同様に電子が2つ入ります。そうなると、分子全体のエネルギーはもとの原子軌道と変わらない（ゼロ）ことになってしまいます。安定化の効果はないということです。

　さらに反結合性分子軌道に入った電子は、結合性分子軌道によって作られる結合を切断する（原子核を引き離す）ように働きます。したがって、He_2分子は作られず、He原子が別々に存在せざるを得なくなるのです。つまりH_2は存在しても、He_2は存在できないということです。このように分子軌道法を使うと２つの原子が結合を作るかどうかを知ることが可能となります。

はじめは相手にされなかった分子軌道法

　化学を知るにはすべての化合物の場合を覚えておかなくてはならないと思い込んでいた人たちにとって、分子軌道法はまさに救いの神です。また、量子力学に基づいたこの分子軌道法を用いれば、すべての原子や分子の性質を知ることが、「原理的には」可能だと言ったら別の人たちが目を輝かせるかもしれません。世の中にある、ありとあらゆる分子の性質は、分子軌道法を使えば、「原理的」に知ることが可能です。

「原理的」と断った理由はおいおい理解できると思います。「原理的」とは何となく水を差すような言葉ですが、皆さんは「何でもかでも計算できる」と楽観的に思ってください。科学を研究したり学んだりするうえで大事なことの１つが楽観主義だと私は思います。分子軌道法の考え方は決して新しいものではありませんが、半世紀ほど前まではコンピュータの速度が遅く充分な計算が行えなかったために、一部の人々は「こんなもの役に立たない！」と決めつけていました。そうした悲観論者ばかりだったら、今のように実用的に分子軌道法の計算が使える時代は来なかったと思います。

誇大妄想であってはいけませんが、「できるはずだ」と考えるところから勇気も出てくるし、道も開けると私は信じています。年をとってからではドン・キホーテになってしまいますが、若い皆さんは違うと思います。難しいと言われている問題にどんどん挑戦してください。自分の背の高さより高いバーを楽々越えるハイジャンプの選手のように、何度もトライして、最終的には、はるか高いバーをクリアしてください。

基礎科学における日本人と欧米人の差がよく問題にされます。私も日本人が特に劣っているとは思いません（かといって特に優れているとも言えないと思いますが）。私が付き合った範囲の欧米の科学者たちを見ていても、たいてい私たちと同じことに考えは行き当たります。ただ大きく違うのは彼らの多くはその「少し難しそうな問題」に果敢に挑戦し、いつしかクリアしてしまうことです。

これには社会的な風土の差も少なからずあるでしょう。ハイジャンプの選手の場合で考えると、彼らはとにかく何度も、そして手を替え品を替えて飛び方を工夫して、最終的には当初では考えられない高さをクリアします。傍で見ていると、当初の失敗は見ていられないものですが、努力している人に敢えて声をかけて止めさせようとはしません。一方、日本の科学の世界では、「もういい加減にした

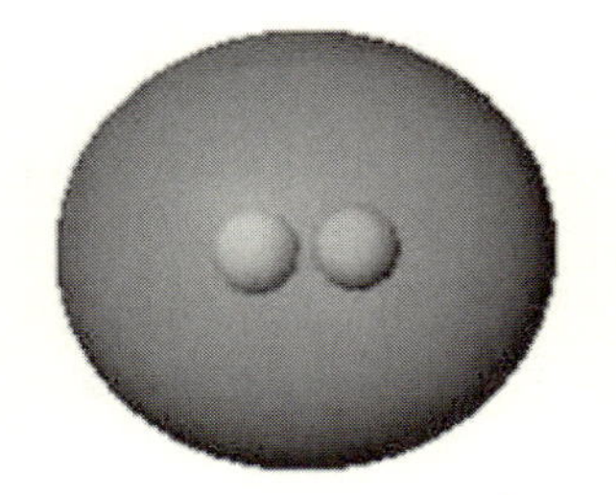
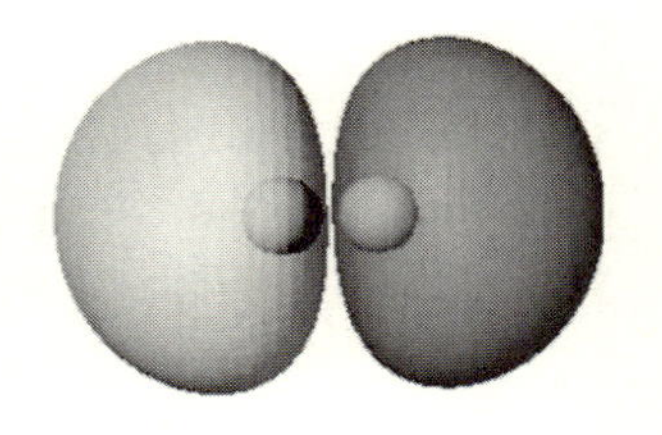

結合性分子軌道　　　反結合性分子軌道

図2-8　分子軌道法で計算したH_2分子の分子軌道

ら」という声がすぐに飛びます。欧米での個の尊重のしかたが日本の場合とまだ大きく異なる点がここにも見られます。

分子軌道法は周囲の化学者（その多くが実験化学者ですが）の白い眼の中で発展してきたと言うとあまりに大げさかもしれませんが、日本ではまだこのように理論的に何かをすることの評価が低いのは事実です。無論、自然科学には実験が絶対に必要です。しかし科学において実験と理論は車の両輪のようなもので、どちらか一方が欠けてもまっすぐ進むことはできません。

分子軌道法を用いてH_2分子について実際に計算した結果を**図2-8**に示します。結合性分子軌道は２つの原子核を取り囲むように分布しています。これに対し、反結合性分子軌道は大きく２つに分かれ、１つはプラスで、もうひとつはマイナスになり、かつ２つの原子核の間には分子軌道が存在しないことがわかると思います。この図は模式図ではなく、分子軌道法計算から得られた結果を示している点に注目してください。この図では分子軌道のプラス部分を暗く、マイナス部分は明るく示しています。以下の分子軌道を示す図ではすべてそのようになっています。ただ、プラスは波の山、マイナスは波の谷を表していることを忘れないでください。逆さからみれば、山は谷に、谷は山になります。

第3章
分子軌道法から求められるもの

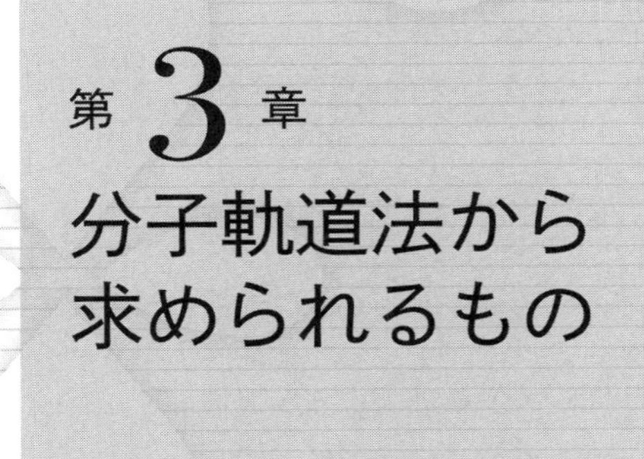

3・1 人知の限界？

立ちはだかる多体問題の壁

楽観主義の効用を前章で説いたのに、この章の初めにいきなり何となく悲観的な話になり、申しわけありません。実は、現実はそれほど甘いものではありませんでした。しかし私たち人間はそれにひるまず、その困難を創意工夫で乗り切ったのです。

さて（2-3）式をもう一度見てみましょう。

$$\left[-\frac{h^2}{8\pi^2 m}\frac{d^2}{dx^2}+U\right]\psi=E\psi \tag{2-3}$$

復習しましょう。左辺のかっこ内の第1項は、電子の運動エネルギーです。そしてUは原子核と電子が引き合うエネルギーと、電子と電子が反発するエネルギーを表しています。これらを合わせて「ポテンシャル・エネルギー」と言います。ここでは原子核の間に働くエネルギーは無視して、あくまで電子の挙動に焦点を絞っています。

さて（2-3）式の左辺のかっこ内をハミルトニアンと呼びました。電子の運動エネルギーとポテンシャル・エネルギーを表現するハミルトニアンにどのような関数を用いるかで、求められる波動関数の正確さが変わってきます。以下の話では、実際の計算で使われるハミルトニアンに含まれる条件や、どのようなハミルトニアンが分子軌道の計算に使われるかについてご説明します。

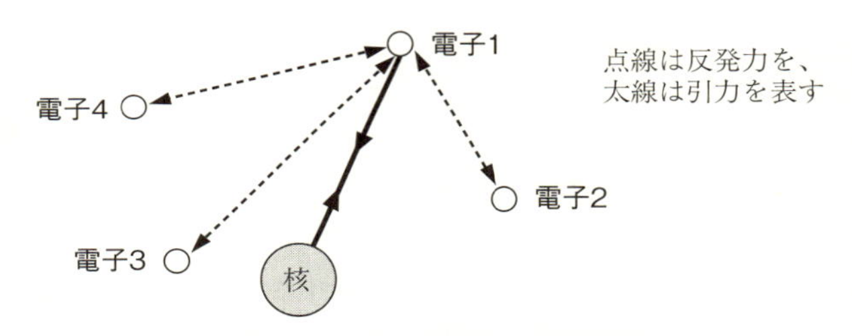

図3-1　原子核と電子の相互作用

電子は原子核に比べてずっと軽いので、非常にすばやく動きます。したがって電子の挙動を見るときに、原子核は止まっていると考えてもよいことになります。このような近似を「ボルン－オッペンハイマー近似」と言います。普通、分子軌道法ではこのように電子の運動を原子核の動きから分離して扱います。それでもこの本で述べるような問題を扱ううえではまったく問題がありません。

ところで**図3-1**のように原子核のまわりに４つの電子が回っている状態を考えてみます。電子１にだけ注目すると、電子１は原子核とだけでなく、他の３つの電子とも相互作用（マイナスの電気同士なので反発作用）しています。電子がすべて動いている状態では、これらの相互作用すべてを同時に正確に求めることは、残念ながら原理的に不可能です。したがって、たとえ原子核が１つでも、複数の電子がある場合には（2-3）式の左辺を正確に求めることはできません。

実は、３つ以上の物体間の相互作用は、どうやっても正確に求めることができないのです。それをどれだけ正確に求めるかという問題が、物理学での多体問題です。

最近はあまり流行していないスポーツ（遊び？）にボウリングがあります。ボウリングでは10本のピンを並べておき、そこにボールを衝突させて倒します。このとき、ボールがどのようにピンを倒すかは、実は完全には予測できないのです。たかがボウリングなのですが、現代の物理学をもってしてもストライクを取る力学を、正確に知ることはできません。言わば「人知の限界」でしょうか。

コンピュータが多体問題に迫る

しかし、私たちはくじけているわけにはいきません。古くは、天文学がこの多体問題に真っ向から取り組みました。複数の天体間に働く力を求めるためです。もちろん、この力を正確に求めることはできませんでしたが、少しでも正確に求めようとして、いろいろな工夫がされてきました。いま私たちの扱っている電子の問題にもその工夫は使えます。

図3-1の場合には、とりあえず２、３および４の電子との作用を平均化した力を考えることができます。電子同士に働く力は反発力ですから、「平均的に他の電子が電子１を反発する力」を考えればよいわけです。これは電子１と核の間の引力を減らす効果と考えることができ、核を電子１から遮蔽する（さえぎる）効果として扱えます。この様子を模式的に示すと、**図3-2**のようになります。このような扱いをすると、一度に扱うのは１電子と原子核だけになることから、この扱いを「一電子近似」と言います。苦肉の

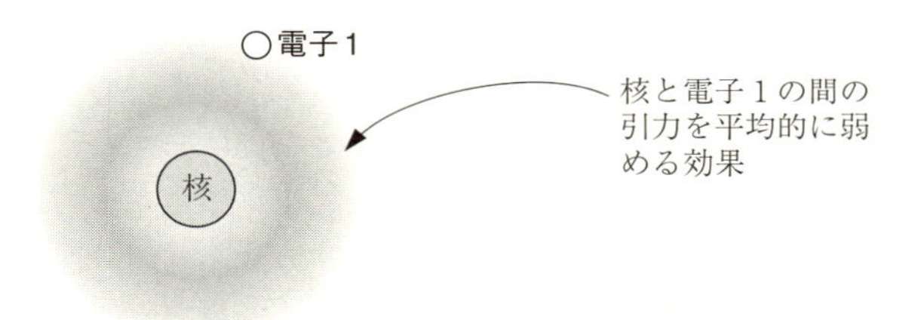

図3-2　電子１以外の影響の見積もり方

策ですが、とりあえずの近似値を得るには充分です。

しかし、電子同士の反発力をある程度正確に見積もらなければ、信頼するに足る結果を得ることはできません。この反発力をなるべく正確に求める工夫で、現在最もよく使われている方法が「自己無撞着場（self-consistent field）法」です。英語名の頭文字を取ってSCF法と呼ばれています。また考案者の名前を取って、「ハートリー－フォック（Hartree-Fock）法」とも呼ばれています。

原理は簡単です。

具体的な説明に入る前に、まず２つの点AとBの間の最短経路について考えてみます。２点を結ぶ経路は無数にありますが、最短距離の経路は２点を結ぶ直線で、それ以外のすべての経路はこれより長くなります。最短距離の経路を見出すには、それ以上は短くならない経路を探せばよいことになります。作業はちょっと大変ですが、探し出す基準は明快です。この考え方を目下の問題に適用します。

自然界は経済第一で、最も安定な状態は最もエネルギーの低い状態です。安定な自然の状態を求めるには、最もエネルギーの低い状態を求めればよいのです。例として述べた２点間の経路の距離と同じで、最もエネルギーの低い状態は１つしかなく、他の状態のエネルギーは必ずそれより高くなります。つまり最も安定な状態を見出す基準も明快です。最も安定な状態を探し出すこの方法を「変分法」と言い、物理学では常套的に使われるものです。

電子の問題にもどりましょう。正しい状態が最初はわからないのですから、とりあえず一電子近似で分子軌道を求めます。当然これは近似値ですから、そのエネルギーは正しいものより絶対に高くなります。しかもこの場合、多くの電子の影響が入っていますので、最初の状態はかなり粗い近似になり、求められるエネルギーは正しい値よりずっと大きくなることが予想されます。これをひとまずの出発点として、引き続き計算されるエネルギーが下がっていくように、分子軌道を少しずつ変化させていきます。つまり、少しずつ分子軌道の係数を変化させてはそのエネルギーを計算し、エネルギーが下がれば、その分子軌道をさらに少し変化させ、そのエネルギーを計算して……ということを繰り返していくのです。

エネルギーが下がっていけば、それは正しい方向に向かっていることを示します。そして最終的にはエネルギーが充分に下がって、もうそれ以下にはエネルギーが低くならない状態になります。そのときの分子軌道が求めるべき分子軌道であり、それに対応するエネルギーが求めるべき分子軌道のエネルギーということになります。適当なところで計算を止めてしまうと、正解から外れた解になりますが、計算を何度も繰り返し、エネルギーが充分に下がり、もはやほとんど変化しなくなった状態は、正しい（求めるべき）状態とほぼ同じであるとみなせます。

SCF法の原理は単純ですが、このように最良の状態を見つけるには、かなりの回数の計算を繰り返す必要があります。この計算を手作業で行うことはほとんど絶望的であり、この膨大な計算量こそ、分子軌道法計算がコンピュータの進歩に大きく依存してきた大きな理由の1つです。

ここまでをまとめると、分子軌道法で分子内の電子の状態を正確に求めることは、残念ながら原理的にはできませんが、近似法を使い、コンピュータの力を充分に活用して繰り返し計算をすれば、かなり正しい解に近づくことが可能であるということです。

近似法のいろいろ

分子軌道法の歴史は、コンピュータの進歩に付随した近似法の改良の歴史とも言えます。したがって発展の過程で種々の方法が開発されてきています。しかし現在では大型のコンピュータがあれば、非常に正確に計算することも可能です。最も近似度の高い（正確な）方法は「*ab initio*（アブ・イニシオ）法」と呼ばれています。*ab initio*とはラテン語で「最初から」という意味であり、原子中の全電子について可能な限り精密に分子軌道を計算する方法です。*ab initio*法は正確ですが、計算には膨大な時間がかかります。興味のある分子（たいていは複雑な分子）について、*ab initio*法を使って、自由に計算を実行できるコンピュータ環境に恵まれている人の数は残念ながら少ないのが現状です。

第１章で述べたように、化学結合や化学反応に直接関与するのは外殻にある価電子です。化学の問題を扱う限り、多くの場合、内殻の電子は表舞台には現れてきません。そこで価電子のみを計算に取り入れる方法がいろいろ開発されました。この方法では、その近似の穴を埋めるために、各原子種（水素原子だとか炭素原子だとかという意味です）に固有の値（パラメータ）を実験値や*ab initio*計算で求められた値などで補っています。このことから、この方法は「半経験的分子軌道法」と呼ばれています。

半経験的分子軌道法では、価電子のみを考慮します。つまり、価電子が存在することのできる原子軌道のみを考慮します。価電子を$1s$原子軌道のみに持つ水素原子からなる水素分子の分子軌道は、２個の$1s$軌道の線形結合で表現されます。2-5節で述べたように、２個の原子軌道からは２個の分子軌道が作られ、n個の原子軌道の線型結合からは、n個の分子軌道が作られます。

メタン分子（CH_4）の場合について考えてみましょう。水素原子の価電子は１個で、それが属する原子軌道は$1s$のみですから、水素原子由来の原子軌道は４個あります。炭素原子の価電子は４個あり、それらは$2s$、$2p_x$、$2p_y$および$2p_z$の４つの原子軌道に分布することが可能です。つまりメタン分子の分子軌道を作る原子軌道の数は、合計８（4＋4）個あります。したがって、半経験的分子軌道法では、メタン分子の分子軌道は合計８個考慮することになります。

これまでに、計算手法やパラメータの異なる種々の半経験的分子軌道法が開発されてきました。半経験的分子軌道法であれば、皆さんの使っているパーソナル・コンピュータでも充分にその計算を楽しむことができます。近似が粗いとは言っても、高等学校の化学で出てくる多くの分子が関わる様々な化学的な問題を理解するうえで、半経験的分子軌道法は充分に役に立ちます。実は、教育の現場だけでなく、医薬品や有機材料の研究開発の現場ですら、半経験的分子軌道法は現在でも充分に役に立ちます。

本書の以下の説明は、半経験的分子軌道法を使った計算結果に基づいています。半経験的分子軌道法にも、いろいろな種類の方法が提案され、複数のソフトウェア・パッケージが作られています。

本書では、株式会社クロスアビリティが開発・販売しているWinmostarというパッケージをおもに使って計算した結果を示しています（詳しくは第8章で説明します）。Winmostarでは複数のハミルトニアンを選択できるようになっていますが、以下の説明では基本的にPM3という近似計算用のハミルトニアンを使い、一部でCNDO/Sというハミルトニアンを使いました。第2章で説明したように、ハミルトニアンとは求める波動関数を表現する関数で、非常に正確な関数から、かなり粗っぽい関数までいろいろ提案されています。PM3は多くの有機分子の性質の実測値を再現できるように最適化されたハミルトニアンです。一方、CNDO/Sは有機化合物の紫外・可視スペクトルの実測値を再現できるようにパラメータや計算式を改良したものです。

使用するハミルトニアンにより、計算結果には違いが出てきます。また使用するソフトウェアが異なると、同じハミルトニアンを使っても少し計算結果に差が出てきます。さらに、数値計算を繰り返し行うため、使用するコンピュータやOSによって、計算結果に少しずれが生じることもあります。読者が、第8章でご紹介するソフトウェア・システムを使って実際に計算をすると、このような違いに気づかれると思いますが、それは異常なことではありません。

3.2 分子軌道法で求められるもの

分子軌道法を使ってみよう

分子軌道法を使えば、原則的に分子の性質や分子と分子の間の相互作用の強さ、そして分子の生成・破壊に関するあらゆることが計算で求められます。この本の後半では、いろいろな場面での分子の挙動を理解するうえで、どのように分子軌道法が活用できるかを例で示します。それに先立ち、この節では、分子軌道法によって直接知ることができる情報は何かについて、簡単にまとめておきたいと思います。

その説明をするために、エタン、エチレンそして水分子について分子軌道法で得た結果をここでは用います。まずエタン分子について見てみましょう。エタン分子の化学構

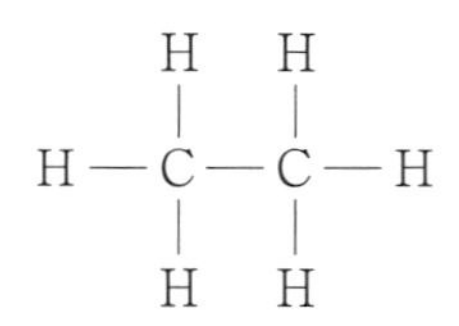

図3-3　エタン分子の化学構造

造を**図3-3**に示します。分子軌道法で計算される基本的なデータは、エタン分子の分子軌道のエネルギーと波動関数です。

炭素原子には6個の電子があり、そのうち2個はK殻を満足しており、この電子が化学反応の表舞台に出てくることはほとんどありません。言わば「化学的に眠っている電子」です。一方、残りの4個の電子はL殻にあります。L殻は満杯ではなく、これらの電子は他の電子との化学結合に積極的に参加します。言わば「活動する電子」です。第1章で、この電子を価電子と呼びました。水素原子には1個の電子しかありませんが、当然この電子は価電子です。

炭素原子の中で価電子が占めることのできる原子軌道は、1個の$2s$軌道と3個の$2p$軌道の合計4軌道です。一方、水素原子の中で価電子が占めることのできる原子軌道は、$1s$軌道のみです。エタン分子の中には2個の炭素原子と6個の水素原子があるので、この分子中で活動できる電子が占める原子軌道の数は、$4\times2+1\times6=14$個あることになります。つまり、これら14個の原子軌道から作られる14個の分子軌道を考えればよいわけです。本書では半経験的分子軌道法のみについて述べますので、これからはいかめしい「半経験的」という形容詞を除き、単に分子軌道法と呼ぶことにします。また、特に断らない限り、PM3というハミルトニアンを用いた計算結果を示します。

先に述べたように、各分子軌道のエネルギーと波動関数が分子軌道法で求められます。**図3-4**にPM3法で計算したエタン分子の分子軌道のエネルギーを示します。

ここではエネルギーの単位として、eV（電子ボルト）が使われています。一般にはあまり使われていない単位ですので、少し説明しましょう。この単位は、1Vの電圧をかけた中で1個の電子が加速されるときに得るエネルギーを表します。原子や分子の世界ではよく使われる単位ですが、わかり難いので換算すると、1 eV = 23.061 kcal/molになります。これは1 mol、つまり6.02×10^{23}個の電子について合計すると、23.061 kcalのエネルギーになることを意味します。1 calは1 gの水の温度を1℃上げるのに必要な熱量です。23.061 kgの水の温度を1℃上げるエネルギーが、23.061 kcalということになります。したがって、1つの電子あたりにすると、とてつもなく小さな値になります。

ついでに、エネルギーの符号についてもここで確認しておきましょう。エネルギーがゼロという状態が基準です。ゼロより大きい、つまりプラスの符号のエネルギーを持つ状態は、エネルギーが余っている状態、すなわち不安定な状態と言えます。それに対して、マイナスの符号のエネルギーを持つ状態はエネルギーが不足している状態であり、安定な状態と言えます。

分子軌道の番号	エネルギー（eV）	電子の配置
14	4.923	――
13	4.923	――
12	4.875	――
11	4.346	――
10	4.027	――
9	4.027	――
8	3.892	――
7	−11.976	↑↓
6	−11.976	↑↓
5	−13.800	↑↓
4	−15.187	↑↓
3	−15.187	↑↓
2	−22.979	↑↓
1	−34.293	↑↓

図3-4　エタン分子内の分子軌道のエネルギーと電子の分布

世の中は、自然の状態ではすべて安定な方向に行きます。ちょうど水が高いところから低いところに流れて行くことと同じです。電子も、自然の摂理にしたがって、高いエネルギーの状態より、低いエネルギーの状態から占めていきます。

図3-4では、各分子軌道を電子が占める様子も示しました。電子は最も安定な分子軌道から各々１対（２個）ずつ占有するので、下から７番目までの軌道が占められます。価電子は合計14個あります。すべての分子軌道のエネルギーの符号がマイナスであることから、エタン分子が取る**図3-5**のような構造は非常に安定であることがわかります。図3-5には最も安定な分子軌道（１番目の分子軌道）を示

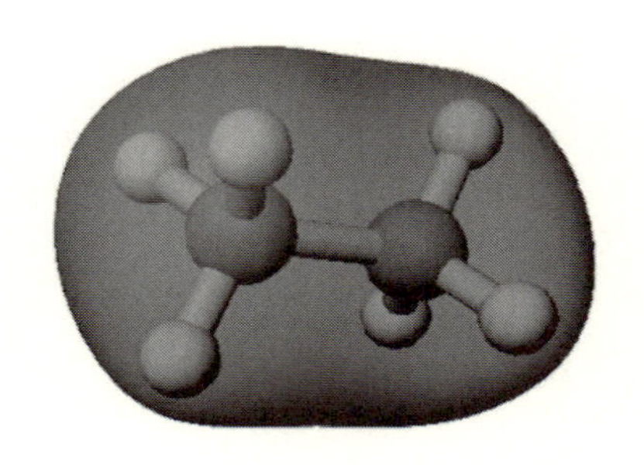

図3-5　エタン分子の１番目の（最も安定な）分子軌道

します。この分子軌道は分子全体に存在し、分子構造を非常に安定化しています。

８番目の分子軌道の様子を**図3-6**に示します。２つの炭素原子の中央で波動関数はゼロになっており、また左右を見ると炭素原子と水素原子の間でも波動関数はゼロになっています。この分子軌道は原子間の結合を切る、つまり反結合性分子軌道であることがわかります。しかし通常の状態では、この軌道に電子が入ってくることはないので、エタン分子は安定に存在することになります。

電子密度・立体構造・生成熱

図3-7に示すのは、波動関数から求められる電子密度です。すなわち、分子の中で電子がどのように分布しているかを図で示したもので、図3-4の下から７番目までの分子軌道から求められるものです。この図は分子全体にわたる電子の分布の状態を示していますが、**図3-8**には各原子上

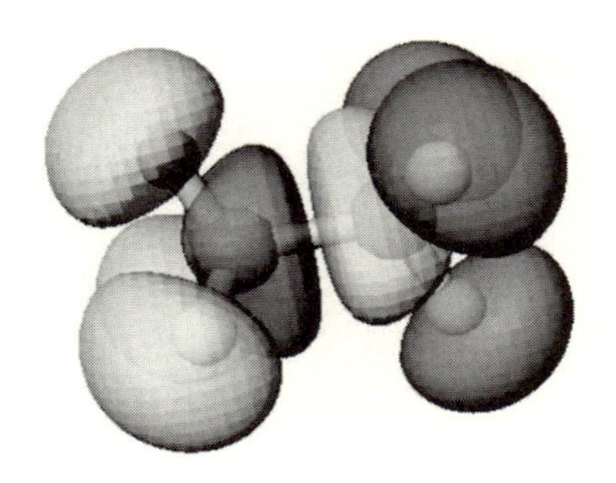

図3-6　エタン分子の8番目の分子軌道（反結合性分子軌道）

の電子の量（電荷量）を数字で示します。

炭素原子も水素原子も本来は中性ですが、この分子軌道法計算の結果からは、炭素原子上の電荷は−0.105、水素原子上の電荷は＋0.035と求められます。原子がマイナス・イオンにどの程度なりやすいかは「電気陰性度」という値で表され、原子の種類によって電気陰性度は異なります。炭素原子の方が水素原子より電気陰性度が高く、よりマイナスになりやすいのです。つまりエタン分子のような全体として中性の分子であっても、その中では実際にはこのように電子の分布に偏りができており、ある原子は少しマイナスに、そしてある原子は少しプラスになっています。そうした実際の状態を、分子軌道法では求めることができます。

分子軌道法の計算を開始するには、分子のおおよその立体構造を初期値としてまず与える必要があります。つまり、各原子軌道の初期位置は原子の初期位置で表されま

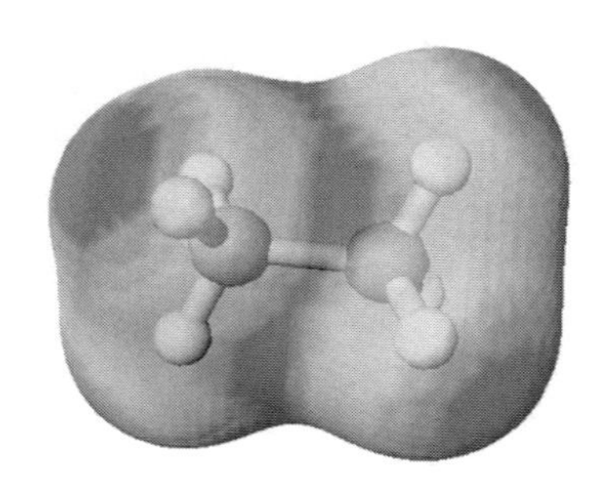

図3-7　エタン分子中の電子密度

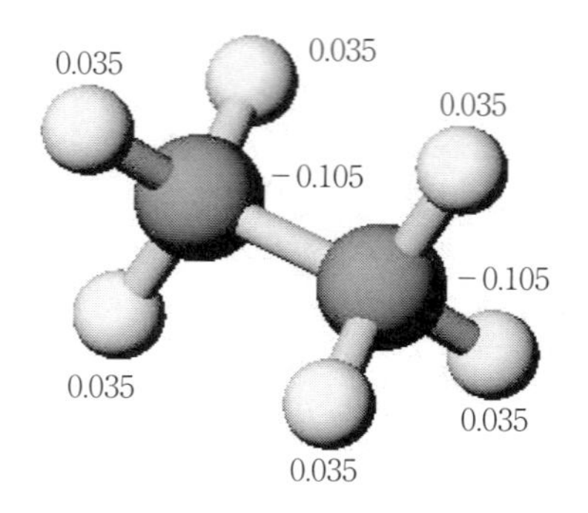

図3-8　エタン分子内の各原子の電荷

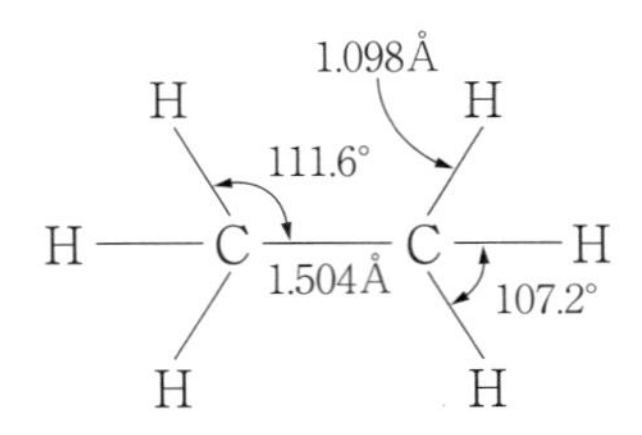

図3-9　分子軌道法で求められたエタン分子の構造

す。これらの初期値に基づき、分子軌道を計算します。計算で最もエネルギーが低くなる（つまり安定な）分子構造を求めるように指定すると、原子位置を少しずつ変化させ、より安定な分子構造になるように計算は進み（これを最適化と言います）、最終的に分子の安定な立体構造も正確に求めることができます。**図3-9**には、分子軌道法で求めた分子中の原子間距離と角度を示してあります。C−C結合（炭素原子と炭素原子の間の結合距離；以下このように表記します）が1.504 Å、C−H結合が1.098 Å、C−C−Hの角度が111.6°、そしてH−C−Hの角度が107.2°となっており、実験的に求められている値とよい一致をしています。C−H結合、C−C−H角およびH−C−H角は各々６組ありますが、すべて同じ環境にありますので同じ値を取っています。

ある分子１molをその成分元素の単体から作り出すのに必要な熱を、「生成熱（生成エンタルピー）」と言います。生成熱は負と正の符号を取り得ます。負の絶対値が大きいほど、また正の絶対値が小さいほど、生成する分子は安定であることを示します。また、物質の存在状態によって安定性は異なるので、元となる単体や生成する分子の状態によって生成熱の値は異なります。エタン分子であれば、その成分である2個の炭素原子と6個の水素原子から、この分子を作り上げるのに必要な熱量です。これはC−HおよびC−Cの結合を作るときのエネルギーをすべて加えればよく、分子軌道法で求めることができます。分子軌道法は、気体状態での生成熱を計算しますので、以下の話の生成熱はすべて気体状態の生成熱を意味します。分子軌道法で求めたエタン分子の生成熱は−18.1 kcal/molとなり、実験的に求められた−20.2 kcal/molとよく一致しています。

さらに、同じ分子でも、分子構造が違うと、異なる生成熱が必要になります。安定な分子構造の生成熱は、不安定な分子構造の生成熱より小さくなります。つまり、生成熱を知ることで、その分子構造の安定性を知ることができるのです。

エチレンのπ軌道

次に、エチレン分子（C_2H_4）の場合について見てみましょう。エチレン分子内で、価電子が存在する原子軌道は12個（4×2+1×4=12）ありますので、12個の分子軌道が計算できます。エタン分子の場合と同様にPM3法で計算すると、12個の分子軌道のエネルギーは**図3-10**のようになります。

12個の電子をスピンが異なる一対ずつエネルギーの低い分子軌道から順に入れていくと、6番目の分子軌道まですべて電子が詰まります。そしてこの場合も、そこまでの分子軌道のエネルギーの符号はすべてマイナスであり、この分子が安定であることを示しています。

いちばん安定な分子軌道、６番目に安定な分子軌道そして７番目に安定な分子軌道を**図3-11**に示します。いちばん安定な分子軌道は分子全体にわたっており、分子を安定に保つ（原子と原子をきちんと結合させる）うえで重要な役割を果たしていることが明らかです。６番目に安定な分子軌道の節面（分子軌道の符号がゼロになる面）はちょうどエチレン分子の面に一致します。この６番目の分子軌道は、分子面に対して垂直方向に分子軌道が分布していることに注意してください。この軌道はπ軌道と呼ばれ、分子面の上下で２つの炭素原子を結合させているのです。

すでにπ軌道という名前を知っている人は、このような計算で、その形が自動的に出てくることに驚くかもしれません。実は教科書などで描かれているπ軌道の様子は、分子軌道法で求められたものなのです。π軌道のエネルギーは結合性分子軌道の中で一番高く、つまり反応性が高くなります。π軌道に入っている電子のことをπ電子と呼びます。

７番目にエネルギーが低い分子軌道は、不安定です。その軌道は、エチレン分子面に対してきれいに垂直に出ており、その符号が上下そして左右で異なり、結合を作らせる方向に作用していません。当然この分子軌道は反結合性軌道ですが、π^*（パイスター）軌道という名で呼ばれています。

分子軌道の番号	エネルギー（eV）	電子の配置
12	5.744	――
11	5.488	――
10	4.218	――
9	3.882	――
8	3.629	――
7	1.228	――
6	−10.642	↑↓
5	−11.943	↑↓
4	−15.232	↑↓
3	−16.142	↑↓
2	−20.992	↑↓
1	−32.949	↑↓

図3-10　エチレン分子の構造と分子軌道

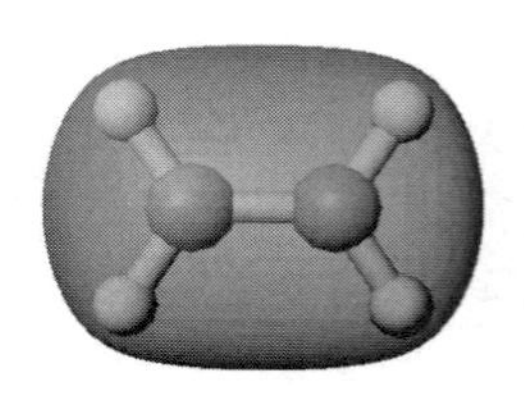

いちばん安定な分子軌道

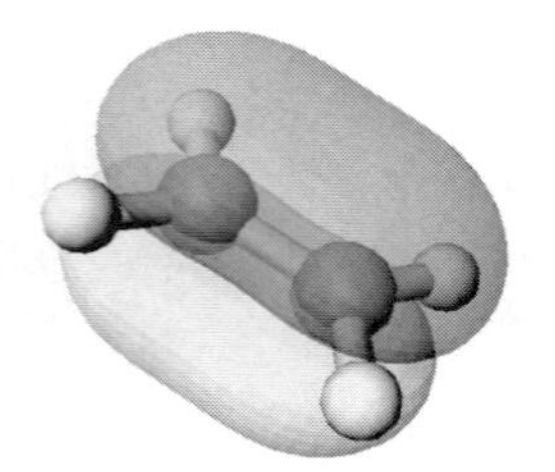

6番目の分子軌道

7番目の分子軌道

図3-11　エチレン分子中のいちばん安定な分子軌道および6番目（HOMO）と7番目（LUMO）の分子軌道

3・3 HOMOとLUMO

最高被占分子軌道と最低非占分子軌道

ここで分子軌道のエネルギーをよく見てみると、６番目と７番目の軌道エネルギーに大きな差があります。６番目の軌道は、電子が占めている軌道のうち、最もエネルギーの高いもので、これを特に「最高被占分子軌道」と呼びます。最高被占分子軌道は英語ではhighest occupied molecular orbitalとなり、各単語の頭文字を取るとHOMOになります。最高被占分子軌道というと何となくいかめしいので、以後HOMOと呼ぶことにします。

これに対して、７番目の軌道は電子に占められていない軌道の中で、最もエネルギーの低い軌道です。つまりエネルギー的に、HOMOに最も近い反結合性分子軌道と言えます。電子に占められていない最もエネルギーが低い軌道ということで、この軌道を「最低非占分子軌道」と言います。英語ではlowest unoccupied molecular orbitalと呼ばれ、その頭文字を取ったLUMOの名前で普通呼ばれます。非占軌道のことを、電子が入っていないことから、簡単には「空軌道」とも言います。

化学反応性を決める軌道

実はこの６番目と７番目の分子軌道、すなわちHOMOとLUMOが、エチレンの化学反応性を決めるうえでとても重要な働きをしています。エチレン分子中の電子密度は

図3-12に示すようであり、エタンの場合に比較して２つの炭素原子間には電子密度の大きな膨らみが見えます。これがπ軌道によることはおわかりでしょう。

一般にエチレン分子にあるような２重結合では、２本の結合の性質には大きな差があります。１本目の結合では２つの炭素原子から１個ずつ供給される電子が対になって強い共有結合を作ります。この結合が２つの炭素原子をまずしっかりと結合します。この結合をσ結合と言います。２本目の結合も２つの炭素原子から１個ずつ供給される電子が対になって作られますが、その結合は炭素を結ぶ線上には分布できず（そこにはすでにσ結合があるので）、エチレン分子の面に対して垂直方向に分布し、２つの炭素原子を２つの弧で囲む形になります。このように分布する結合をπ結合と呼びます。つまり２重結合はσ結合とπ結合からなっています。

π結合はその分布の状態からわかるように、分子の外側に露出しており、化学反応性が高くなっています。こうしたことは有機化学の初歩で概念的に学ぶことですが、分子軌道法を使うとすべて計算から求められ、視覚的に理解することができます。つまり、本来、別に覚えておく必要もないことなのです。量子力学の原理を使って計算すれば自動的に導き出せるものなのです。化学は決して暗記科目ではないことが、このことからもわかるでしょう。

エチレン分子について求めた各原子の電荷、そして分子内の原子間の結合距離や角度を**図3-13**に示します。炭素原子上のマイナス電荷が、エタン分子の場合より増加してい

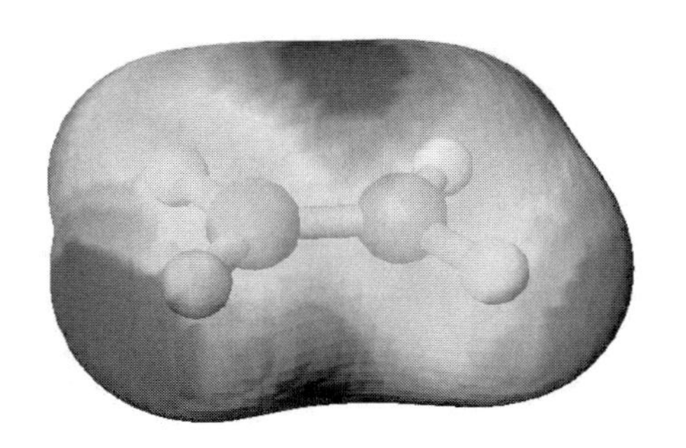

図3-12　エチレン分子内の電子密度

ること、炭素原子間の距離がずっと短くなっていることに注意してください。これらはすべて２重結合の第２番目の結合、つまりπ結合によるものです。１本の結合より、２本の結合の方が引っ張る力が強くなりますから、原子間の距離が短くなるのです。１本のゴム紐より、２本のゴム紐の方が引っ張る力が強くなることと同じです。このような分子の特性がすべて計算で求められるわけです。

また実験から求められているエチレン分子の生成熱－12.5 kcal/molに対して、この計算からは－16.6 kcal/molと求められます。少しずれが大きいと思われるかもしれませんが、純粋に計算だけでこの値が得られることを考えれば、よく一致していると言えるでしょう。

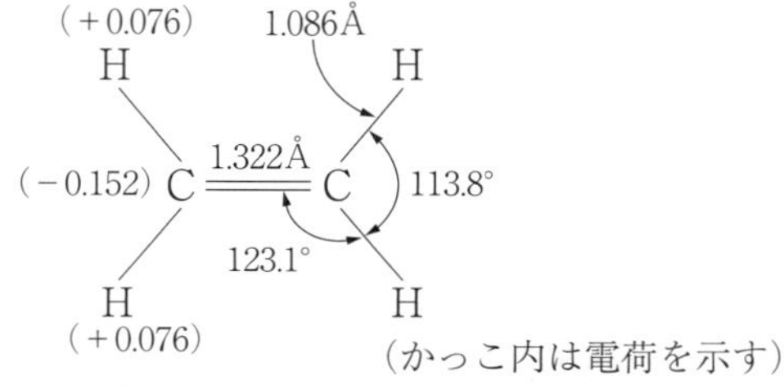

図3-13　分子軌道法で求められたエチレン分子の構造

3・4 水分子の構造

立体構造と双極子モーメント

次に水分子について計算した結果を見てみましょう。まず水分子の構造が**図3-14(a)**に示すように、酸素原子と2個の水素原子が90°の角度で結ばれているものとします。この角度の実測値が104.52°ですから、15°ほど実際の値からずれています。PM3法を用いて立体構造を最適化してみます。その結果を**図3-14(b)**に示します。H−O−H角は少し行き過ぎましたが、107.7°になりずっと実験値に近づいています。繰り返しになりますが、分子軌道の計算のみからこのように正しい立体構造に近い構造が求められます。素晴らしいとは思いませんか？

酸素原子は水素原子より電気陰性度が高いので、電子を引っ張り、マイナスの電荷を少し帯びています。この計算結果では、酸素原子の電荷は−0.358そして水素原子の電荷は+0.179となり、水分子の中で電荷は**図3-14(c)**のよう

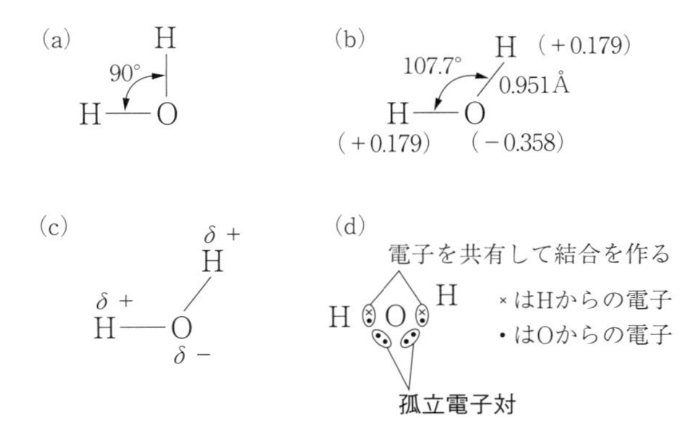

図3-14　水分子

に分極していることがわかります。ここで δ+ は少しだけプラスの電荷を帯びていることを、δ− は少しだけマイナスの電荷を帯びていることを示します。

このように分子の中で正の電荷と負の電荷が離れて存在するものは「双極子」と呼ばれ、双極子の状態を取っている分子は「双極子モーメント」を持っています。双極子モーメントは、その分子が電場の中でどのように動き回れるかを示す重要な量です。

電場などと言うと、物理の苦手な人はすぐ敬遠しそうですが、私たち生物の中でいろいろな分子が活動するとき、実は双極子モーメントは重要な役割を果たします。つまり、生命活動の場では、電場は重要な要素になっています。したがって、医薬品分子が私たちの体の中で作用する場合には、その分子の双極子モーメントは薬の効き方を左

(a)

Cl

Cl

双極子モーメントはある

(b)

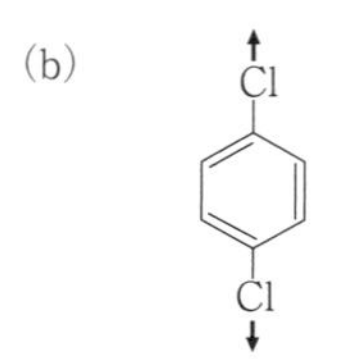

双極子モーメントは打ち
消されてなくなる

図3-15　ジクロロベンゼンの双極子モーメント（矢印）

右する重要な性質の1つになります。

水の性質を決めるうえでも、当然この双極子モーメントは非常に重要です。水の双極子モーメントの実測値は1.78 D（Dはデバイという双極子モーメントを測る単位で、＋1と－1の電荷が10^{-8} cm離れて存在するときの双極子モーメントが4.80 Dになります）ですが、上の計算で得られた値は1.739 Dです。非常によく合っています。

分子内に電荷の偏りがあっても、その偏りが対称的である場合には、分子の双極子モーメントはゼロになります。**図3-15**に示す2種類のジクロロベンゼンについて考えると、(a)の分子は双極子モーメントを持ちますが、(b)の分子では2つの効果が互いに打ち消し合って、双極子モーメントはゼロになってしまいます。

分子軌道法の威力

次に、水分子の分子軌道について見てみましょう。**図3-14(d)**のように、酸素原子の価電子は6個あり、そのうちの2個が隣の水素原子からの価電子と対を作り、共有結

分子軌道の番号	エネルギー（eV）	電子の配置
6	5.332	——
5	4.606	——
4	−12.317	↑↓
3	−14.523	↑↓
2	−17.581	↑↓
1	−36.826	↑↓

図3-16　H_2Oの分子軌道

合を作ります。残りの４個は孤立電子対として存在します。この孤立電子対の化学反応性は高く、これが水分子の性質を決めているポイントです。

酸素原子の価電子は$2s$、$2p_x$、$2p_y$そして$2p_z$原子軌道に分布することができ、水素原子の価電子は$1s$原子軌道にあるので、分子軌道法の計算に用いる全原子軌道の数は$4+1\times2=6$個です。したがって、分子軌道の総数も６個になります。その分子軌道の様子を**図3-16**に示します。価電子の総数は８個ですので、分子軌道４まで電子が対になって詰まります。これらの分子軌道のエネルギーの符号はすべてマイナスですから、当然H_2O分子は安定に存在することになります。

最も安定な分子軌道１の様子を**図3-17**に示します。この分子軌道は分子全体にわたり、２つの化学結合をがっちりと形作るのに作用しています。

一方、結合性分子軌道のうち、最もエネルギーの高い４

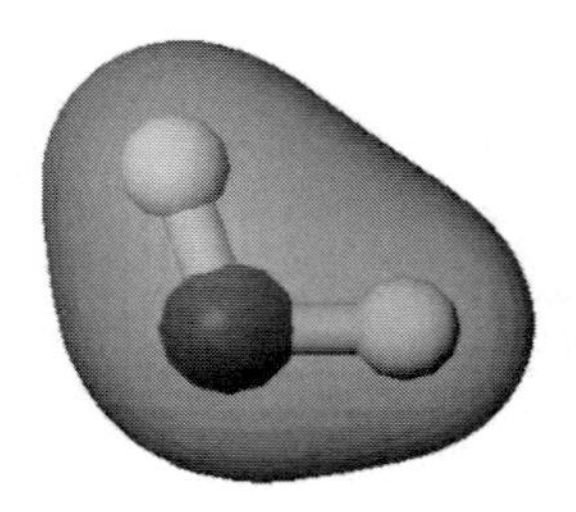

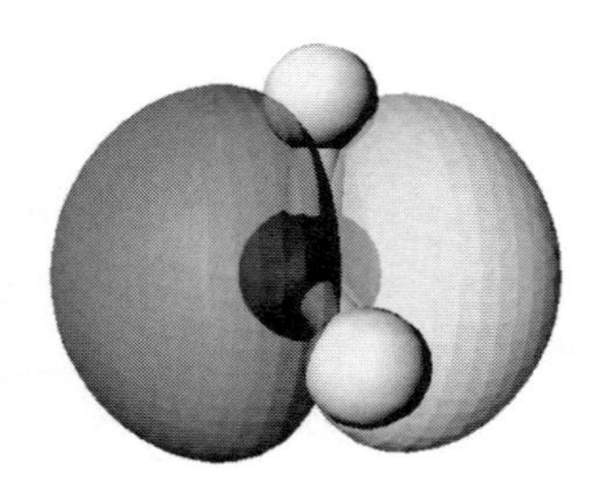

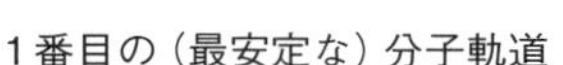

1番目の（最安定な）分子軌道　　　4番目の分子軌道

図3-17　水分子の分子軌道

番目の分子軌道（HOMO）も図3-17に示しますが、この軌道はH_2O分子面の両側に存在しています。分子面がちょうど節面になっており、エチレン分子のときのπ電子軌道の場合によく似ていることに注意してください。この分子軌道と３番目の分子軌道は孤立電子対に関係する分子軌道です。水分子ではこの孤立電子対が関係する分子軌道のエネルギーは高く、その化学反応性の高さに対応しています。これらの分子軌道の形とエネルギーがわかれば、その分子の反応性も当然予測できます。H_2O分子内の電子密度を**図3-18**に示します。孤立電子対の方向に電子密度が膨らんでいる様子を見ることができます。

以上のように分子軌道法を用いると、分子の種々の特性をほぼ自動的に計算で求めることができます。その特性には、分子内の各原子の電荷、双極子モーメント、生成熱、安定な立体構造、分子軌道の形とエネルギーなどがあります。半経験的分子軌道法では、そうした値の実測値を完全

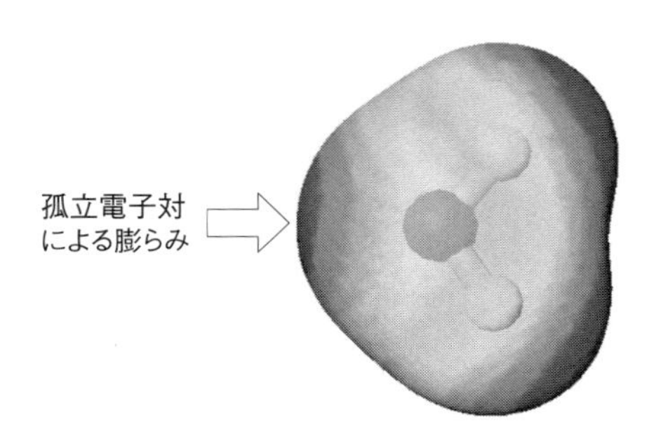

図3-18　水分子内の電子密度

には再現できませんが、これまでの例からもおわかりのように、かなり正確に予測することができます。これが分子軌道法の威力です。

化学におけるかなりの問題は分子軌道法で解決できる、と楽観的に考えてもよいと私は思っています。この本の後半では、分子軌道法で解決できる化学の問題のごく一部を紹介します。実用範囲はまだまだ広いことを忘れないでください。またそうした範囲を広げるのは、若い読者の方々です。

第4章 分子の構造を知る

4・1 ベンゼン分子の形とπ電子

カメの甲の謎

ベンゼン分子の構造は、**図4-1**のように書き表されます。もしこの図のような構造をベンゼンが取ると、ベンゼン分子の中には２重結合の場所と単結合の場所が交互に存在することになります。ところが、いろいろな化学実験の結果は、ベンゼン分子中の６本の化学結合はすべて等価にならなければならないことを示しています。量子力学が化学に使えなかった時代には、この問題を解くことは非常に難しかったのですが、今では皆さんがパーソナル・コンピュータ上で分子軌道の計算をすれば、その秘密をすぐ明らかにできます。それを証明するための計画を立ててみましょう。

図4-1に示すような化学構造をそのままの形で正確に言うと、６員環の中に２重結合が交互にある分子である1,3,5－シクロヘキサトリエンということになります。ここでシクロとは「環状の」という意味で、ヘキサは６員性（六角形）であること意味します。「1,3,5」とトリエンが対になっており、エンとは２重結合を示し、1,3,5－トリエンで、分子の１、３および５の位置に３ヵ所２重結合があることを示しています。図4-1では、１と２、３と４そして５と６の原子の間が２重結合になっており、これを1,3,5－トリエンと表します。

そこでまず、1,3,5－シクロヘキサトリエン自身の構造と

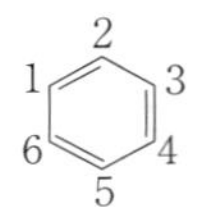

図4-1　ベンゼン？　それとも1,3,5-シクロヘキサトリエン？

エネルギーを求めてみます。あくまで1,3,5 - シクロヘキサトリエンの構造を求めることに注意してください。

次に1,3,5 - シクロヘキサトリエンの構造を、分子軌道法で最適化してみます。そして、これら２つの計算結果を比較してみましょう。

現実にはあり得なかったシクロヘキサトリエン

まず、1,3,5 - シクロヘキサトリエンの化学構造を作る必要があります。炭素原子間の典型的な単結合および２重結合の長さは各々1.530 Åおよび1.322 Åです。分子が平面であるとすると、1,3,5 - シクロヘキサトリエンの仮想的な化学構造は**図4-2**のようになります。

この状態のままの構造について分子軌道法の計算を行います。分子構造の最適化をしない分子軌道計算を「１点SCF計算」と呼びます。ハミルトニアンにPM3を用いて、１点SCF計算をこの構造について行うと、その構造の生成熱は46.57 kcal/molと計算されます。図4-2の構造は仮想的ですので、その構造をどのように仮定するかで、この値は変わります。

次に、図4-2の仮想的な、1,3,5 - シクロヘキサトリエンの構造を分子軌道法で最適化してみます。最初に仮定した

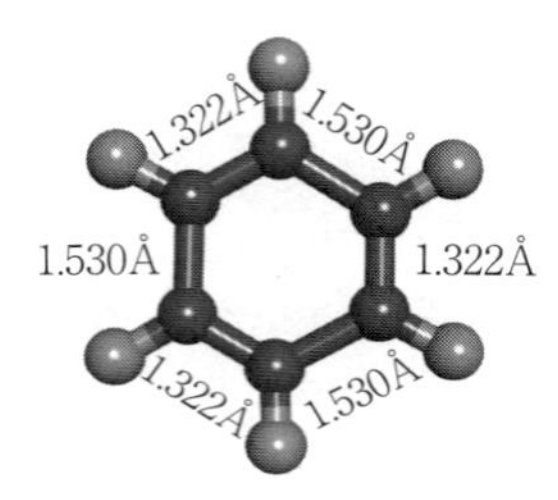

図4-2　1, 3, 5-シクロヘキサトリエン（仮想的な状態）

構造が真の構造でないと、その分子のエネルギーは真の構造のエネルギーより必ず高くなります。最適化とは、図4-2に示す化学構造を形式的に取る分子の真の構造を求めることです。それは実際には、図4-2の出発構造を少しずつ変形して、エネルギーが極小になる構造を求めることになります。最適化された構造の生成熱は23.45 kcal/mol（実験値は約19.8 kcal/mol）になり、23 kcal/molも劇的に安定化します。この最適化された安定な構造こそ、1,3,5 - シクロヘキサトリエンの真の姿であるはずです。

それでは、最適化で求められた構造を見てみましょう。各C−C結合距離は6本すべてが1.391 Åになっています（**図4-3(c)**）。一方1,3,5 - シクロヘキサトリエン自身では1.530 Åの単結合と1.322 Åの2重結合が交互になっていました。

どうしてこういうことが起こったのでしょうか。電子は分子の中でなるべく広い範囲を動こうとする性質を持っています。これは何度も言いますように、電子に限ったことではありません。世の中のすべてのものが、どこかに閉じ

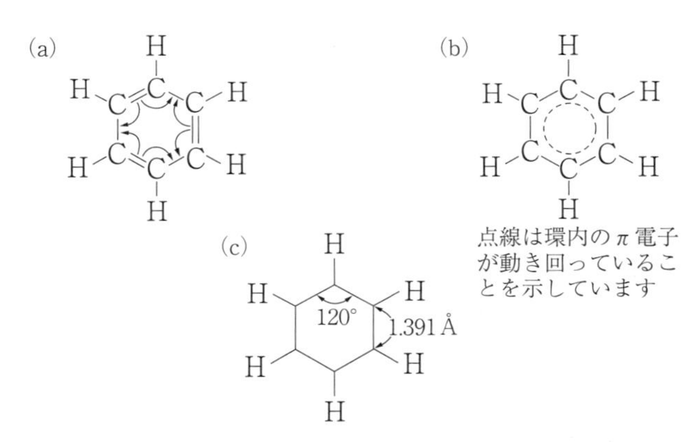

図4-3　1，3，5-シクロヘキサトリエンからベンゼンへ

込められているより、のびのびと広い範囲に広がりたい性質を持っています。言わば自然界の基本ルールです。

すでにエチレンのところで述べたように、２重結合のうちπ結合に関与している電子は分子の面に対して垂直方向に存在していて、２つの炭素原子を結合するうえで第一義的には働いていません。つまりπ電子には動き得る自由度があります。このような自由度が与えられると、電子は可能な限り動ける範囲を動くようになります。

具体的には２重結合の隣にある単結合のところにも、電子は動いて行きます。つまり、この場合は**図4-3(a)**の矢印で示すように、π電子は両隣の単結合のところにも染み出して行き、最終的に６員環のすべてのC−C結合にπ電子が均等に分布するようになります。π電子のこの性質は非常に強いので、1,3,5－シクロヘキサトリエンのように、２

重結合が３ヵ所におとなしくじっとしていることは絶対にないのです。自由になればなるほどストレスがなくなるので、安定になります。非常に簡単に言ってしまうと、このストレスがなくなるので、ベンゼンは**図4-3(b)**のような構造を取ることになります。

実は、1,3,5－シクロヘキサトリエンという状態は名目上だけのことであって、現実として存在し得ないのです。つまりこのような構造を作っても、それはすぐさま図4-3(b)のような構造になり、それはまさにベンゼン分子としての性質を示すのです。点線はπ電子が環内をまんべんなく動いていることを表します。

電子が広く分布するほど安定になることは、量子化学から導かれることです。長々と説明してきたことが、分子軌道法を使って計算すれば、いとも簡単に説明できてしまうのです。π電子が分子内でより広く分布することを、少し難しい言葉ですが、「π電子の非局在化」と言います。電子の非局在化はその分子の性質を決めるうえでも非常に重要なことです。

電子の染み出しでノーベル賞

環になっていなくても、電子の非局在化は起こります。**図4-4**に示すブタジエンについて計算してみましょう。炭素原子間の典型的な２重結合と単結合をそのまま用いてブタジエン分子を作ってみると、図4-4(a)に示すように、中央の単結合は1.530 Å、左右の２重結合は1.322 Å程度になるはずです。

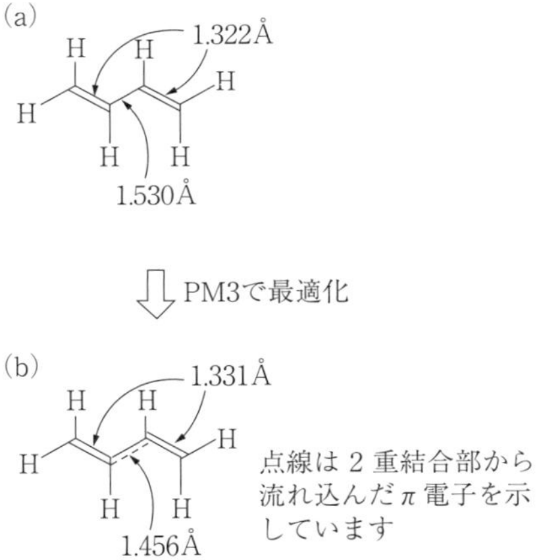

(a)
H H 1.322Å
H
H
H H
1.530Å

PM3で最適化

(b)
H H 1.331Å
H
H
H H
1.456Å

点線は２重結合部から流れ込んだπ電子を示しています

図4-4　ブタジエンの構造

ところが分子軌道法で構造を最適化すると（図4-4(b)）、中央のC−C結合距離は1.456 Åになり、もはや純粋な単結合ではなくなります。直鎖状であってもπ電子の染み出しの効果は充分にあることがわかりました。単結合部分にπ電子が流れ込んでいることを表現するために、点線がよく使われます。

２重結合と単結合が交互にさらに伸びると、その効果も増大します。**図4-5**に示すオクタテトラエンでは、中央のC−C結合はさらに短くなっています。オクタは８個の炭素原子を意味し、テトラは４、エンは２重結合を示します。オクタテトラエンではπ電子は分子の右端から左端まで常時流れている（あるいは行き来している）ことになり

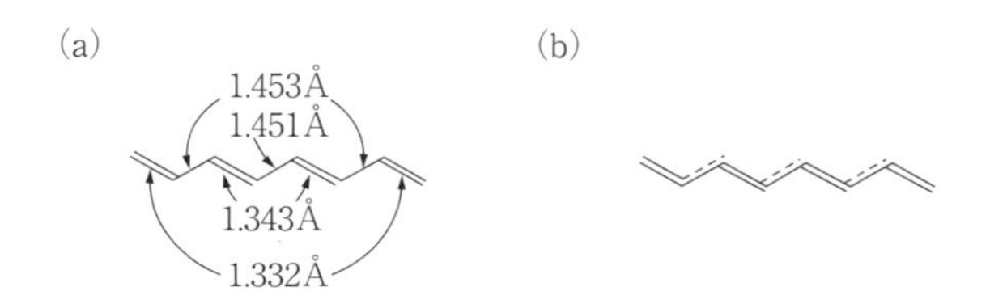

図4-5　オクタテトラエンの構造

ます。電子が動くのですから、当然電気も流れることになります。

ノーベル賞に輝いた白川英樹先生が発見した導電性ポリマーの中で電気が流れる仕組みも、基本的にはこれと同じことです。金属の中には自由電子というものがあり、これが電気を伝える役目をします。π電子も同じように自由であるので電気を伝えることが可能です。しかし自由電子と異なりπ電子の動きはそれほどスムーズではなく、その動きをよりスムーズにする系を白川先生は見つけることができた、ということです。

4・2 *n*-ブタンの安定な構造を求める

エタンの安定な構造そして不安定な構造

エタンは天然ガスの中に多量に含まれ、燃料などに活用されるガスで、**図4-6(a)**に示すような化学構造を取っています。２つの炭素原子は中央で結合しており、そのC−C

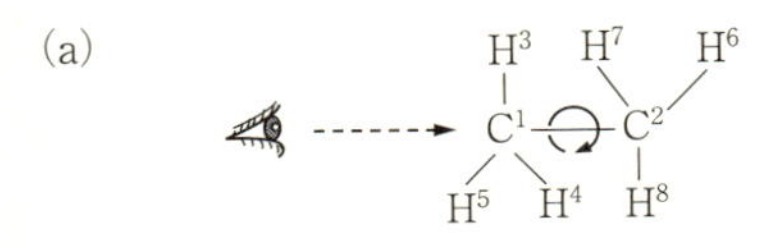

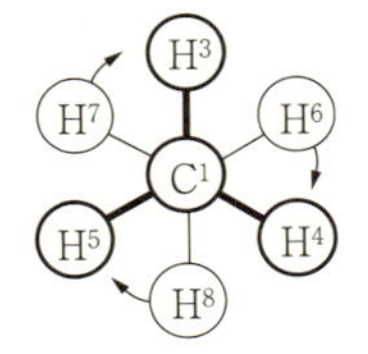

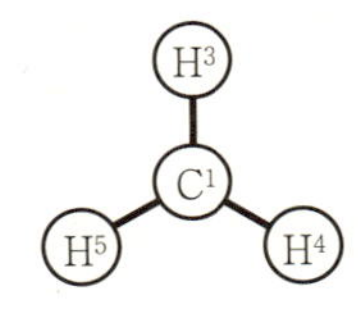

図4-6　エタンの立体配座

結合のまわりには回転が可能です。

もう少し具体的に説明しましょう。すべての原子に図のような番号をふります。１の炭素原子と３から５までの水素原子を固定し、C−C結合を回転することを考えます。回転にともない、H^6からH^8の原子は回転することになります。C^1原子からC^2原子を見る方向で分子を投影すると、**図4-6(b)**のように見えます。例えば図の矢印のように右回りに回転していくと、H^3とH^7、H^4とH^6そしてH^5とH^8は近づきます。

水素原子同士はある程度までは近づけますが、ある限度を超えると反発するので（ファン・デア・ワールス相互作用）、回転して**図4-6(c)**（まったく重なった状態）のようになるよりは、(b)のように互いに最も離れている方が安定です。(b)と(c)は同じエタン分子ですが、C−C結合のまわりでの水素原子の相対配置が違います。このような場合、「(b)と(c)は異なる立体配座を取っている」と言います。立体配座は英語でコンフォメーションと言います。

それでは(b)と(c)の安定性にどの程度差があり、普通の状態（私たちが暮らす室温としましょう）では(c)の状態は存在できるのかを分子軌道法で調べてみましょう。方針は簡単です。まずエタン分子の構造を作り、C−C結合のまわりに回転して、回転にともない分子の持つエネルギー（生成熱）がどう変わるかを調べればよいのです。

A−B−C−Dの順で結合する４つの原子からなる部分をB−C結合方向から見たとき、A−B結合とC−D結合のなす角を「ねじれ角」と呼びます。B−C結合のまわりで、A−B結合がC−D結合に対して、どの程度ねじれているかを示す角度です。

あまり細かい作業をしても意味がありませんので、ここでは10°刻みでねじれ角を計算してみます。その結果を**図4-7**に示します。そしてその相対エネルギーをグラフにしたのが**図4-8**です。

さらに回転していくと元のパターンを繰り返すことを確かめてください。この場合２つの水素原子が最も接近するのは120°のときで、そのときの立体配座のエネルギーは最も安定な場合（60°）よりも1.45 kcal/molだけ不安定になります。このことを、「1.45 kcal/molの回転障壁がある」と表現することがあります。逆に言うと、1.45 kcal/molというエネルギーが与えられれば、この山は乗り越えられ、C−C結合のまわりで自由にくるくる回転できることにな

C^1-C^2のまわりのねじれ角（°）	生成熱（kcal/mol）	相対エネルギー（kcal/mol）
60	−18.14	0.00
70	−18.04	0.10
80	−17.78	0.36
90	−17.43	0.71
100	−17.06	1.08
110	−16.79	1.35
120	−16.69	1.45
130	−16.79	1.35
140	−17.06	1.08
150	−17.43	0.71
160	−17.78	0.36
170	−18.04	0.10
180	−18.14	0.00
190	−18.04	0.10
200	−17.78	0.36
210	−17.43	0.71
220	−17.06	1.08
230	−16.79	1.35
240	−16.69	1.45
250	−16.79	1.35
260	−17.06	1.08

図4-7　エタン分子の立体配座エネルギー（H^3-C^1-C^2-H^6ねじれ角について考えている）

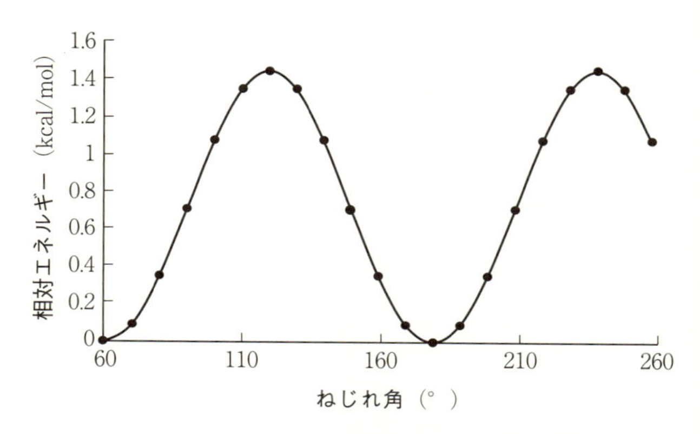

図4-8　異なるねじれ角 H^3-C^1-C^2-H^6 によるエタンの立体配座エネルギー　120°のところで分子は最も不安定になり、60°と180°のところで最も安定になります

ります。

室温をTK（絶対温度による値）とすると、そのときの熱エネルギーはRTで計算できます。Rは気体定数です。少し暑いのですが、室温を27 ℃としますと（絶対温度では300 K）、この温度での熱エネルギーは8.31 J/(K・mol) × 300 K = 2493 J/mol = 2.493 kJ/mol = 0.596 kcal/molです。したがって27 ℃では「くるくる」回転しているわけではないと予測できます。

回転障壁の実測値は、2.99 kcal/molと見積もられています。この値を用いると、1505 K（＝1232 ℃）以上になるとエタンのC−C結合まわりでは、まったく自由に回転ができることになります。つまり、この温度以上ではくるくる回っている、ということになります。一方27 ℃では、自由に回転はできませんが、60°の安定な立体配座を中心に、かなり活発に回転運動をしていることが予想できます。

ブタンの安定な立体配座

n−ブタンは**図4-9**に示すような化学構造を取っていますが、中央のC−C結合のまわりで、どのような立体配座が取れるか分子軌道法で検討してみましょう。

エタンの場合と同様に、中央のC−C結合のまわりのねじれ角を10°ずつ回転してできる各立体配座の生成熱を求めればよいわけです。まずC^1−C^2−C^3−C^4のねじれ角を180°から出発して、180°回転してやれば、C^2−C^3の結合まわりで可能なすべての立体配座の可能性を知ることができます。そこでこの条件で分子軌道計算を行ってみます。その結果を**図4-10**に示します。

図4-11にはそのグラフを示しました。一番高い山は最も低い谷（180°のところ）よりも4 kcal/molも高く、常温ではまったくこの山は越えることができません。つまり、*n*−ブタンは常温ではC^1−C^2−C^3−C^4のねじれ角が360°（つまり0°）である立体配座はほとんど取り得ないことがこの計算結果からわかります。

以上、安定な分子の形を調べるうえでも、分子軌道法は非常に役に立つことがわかったと思います。分子の安定な構造を知ることは新しい医薬品や材料を開発するうえでとても重要なことです。つまり分子軌道法を自由に操れるよ

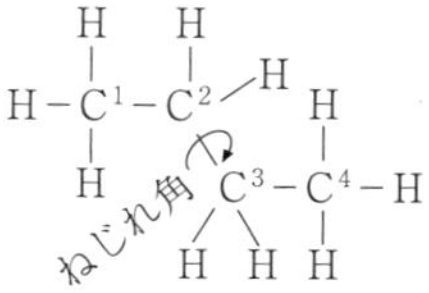

図4-9　*n*-ブタンの立体配座

ねじれ角（°）	生成熱（kcal/mol）	相対エネルギー（kcal/mol）
180	−29.06	0.00
190	−28.94	0.12
200	−28.62	0.44
210	−28.19	0.87
220	−27.78	1.28
230	−27.49	1.57
240	−27.39	1.67
250	−27.53	1.53
260	−27.85	1.21
270	−28.25	0.81
280	−28.50	0.56
290	−28.50	0.56
300	−28.24	0.82
310	−27.78	1.28
320	−27.15	1.91
330	−26.43	2.63
340	−25.75	3.31
350	−25.25	3.81
360	−25.06	4.00
370	−25.25	3.81
380	−25.75	3.31

図4-10　*n*-ブタンの立体配座エネルギー（ねじれ角C^1-C^2-C^3-C^4について考えている）

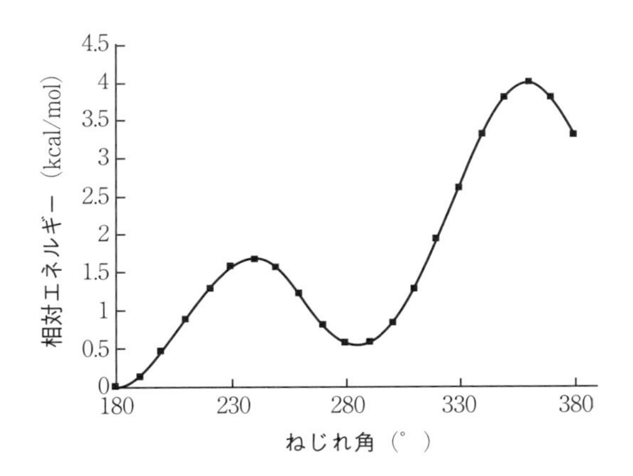

図4-11　異なるねじれ角 C^1-C^2-C^3-C^4 による *n*-ブタンの立体配座エネルギー　エタンの場合よりはるかに複雑なパターンを示し、180°のところが最も安定で、360°のときに最も不安定になります

うになれば、その応用範囲は非常に広いのです。

4・3 シクロプロパンは安定に存在するか

図4-12(a)に示すネオペンタン（あるいは、2,2-ジメチルプロパン）は石油ナフサ中に存在する分子で、常温では気体か液体です。

まずこの構造を、分子軌道法で求めてみましょう。生成熱は－35.83 kcal/molと計算され、この分子は安定に存在することがわかります。ここで注目したいのは、**図4-12**(b)に示す炭素原子が関与する結合角の値です。C−C−C

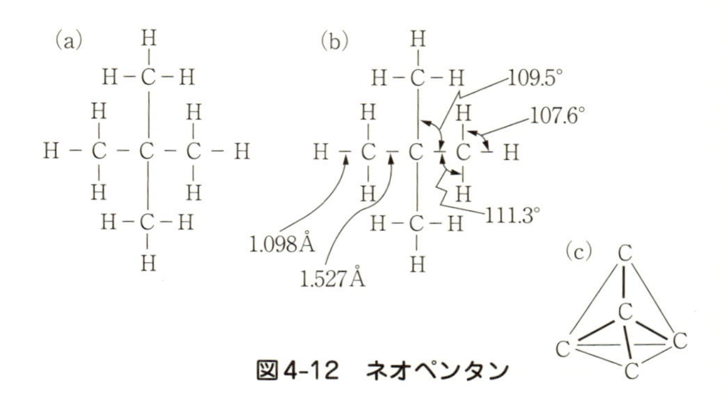

図4-12　ネオペンタン

角はすべて109.5°です。またH−C−C角は111.3°ですが、H−C−H角はすべて107.6°になっています。図4-12(b)では距離と角度を１ヵ所しか示していませんが、等価な関係にあるすべての距離や角度は同じです。以下の例でも、原則として１ヵ所の距離と角度しか示していませんが、同じと考えてください。

このように炭素原子が４本の単結合で他の原子と結合する場合（このような炭素原子を、sp^3性炭素原子と呼びます）、基本的に炭素原子は正四面体の重心にあり（**図4-12(c)**）、結合する相手の原子はその正四面体の頂点に位置するように配置します。この配置はその名も四面体配置と言います。四隅にくる原子が炭素原子であれば、上のように理想的な正四面体角（109.5°）を取りますが、結合する原子が異なると、その原子の種類により、正四面体角からずれます。炭素原子に４つの水素原子が結合したメタン分子ではもちろんすべてのH−C−H角は109.5°という理想的

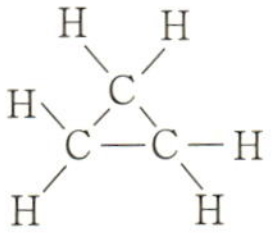

シクロプロパン 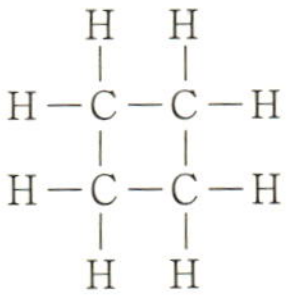　　シクロブタン 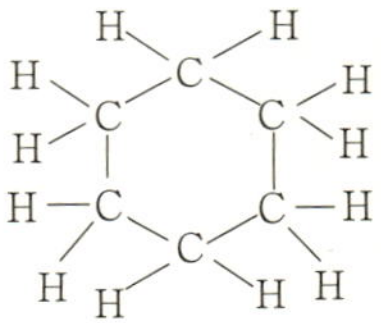　　シクロヘキサン

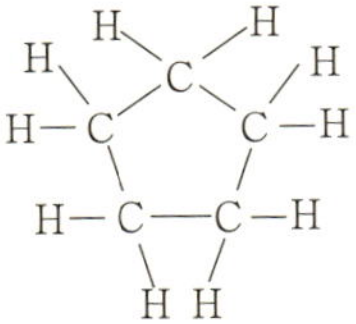

シクロペンタン

図4-13　いくつかの環状炭化水素の化学構造

な正四面体角になります。

ところが**図4-13**に示すシクロプロパンでは、３つの炭素原子が作るのは三角形です。３つの点を通る平面は１つしかありませんから、シクロプロパンでは３つの炭素原子は三角形にならざるを得ません。なおかつ正三角形ですので、C−C−C角は60°にならなくてはいけません。「sp^3性の炭素原子は四面体構造を取るのが安定」ですから、その原則からいくとシクロプロパンは本当に存在できるのか、疑問になります。そこで分子軌道法で計算してみることにします。

生成熱は16.27 kcal/molと符号が正であり、絶対値も大きく、この分子が明らかに不安定であることを示しています。結合角と結合距離も調べてみましょう。**図4-14**に示すように、C−C−C角は60°（これしか取り得ないので）、H

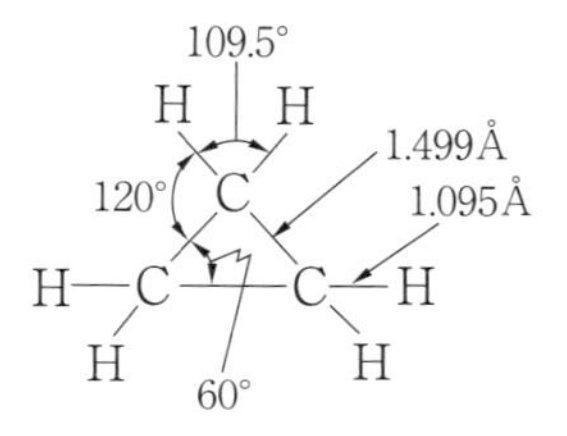

図4-14　シクロプロパンの構造

-C-C角は120°、そしてH-C-H角は109.5°です。H-C-H角だけがかろうじて正四面体角になっていますが、やはり他の角度は正四面体角から大きくずれており、化学結合に大きなひずみのかかっていることがわかります。そのひずみの影響は結合距離にも現れています。ネオペンタンでは1.527 ÅであったC-C結合距離が1.499 Åと非常に短くなっています。以上のようにシクロプロパンは一応安定な化合物として存在しますが、ちょうど引き絞った弓のように、いつはじけてもおかしくないほど不安定です。

それでは、四角形のシクロブタンはどうでしょうか。これも分子軌道法で計算してみましょう。その結果を**図4-15**に示します。生成熱は－3.79 kcal/molと求められ、シクロプロパンに比較して安定に存在する分子であることが推定されます。C-C-C角は90°であり、やはり109.5°からはかなりひずんでいます。C-C-HおよびH-C-H角は114.8°と107.1°であり、正四面体角に近づいています。C-C距離はC-C単結合としての値としては多少長くなっていますが、それはC-C-C角を90°にするための影響と考えられます。

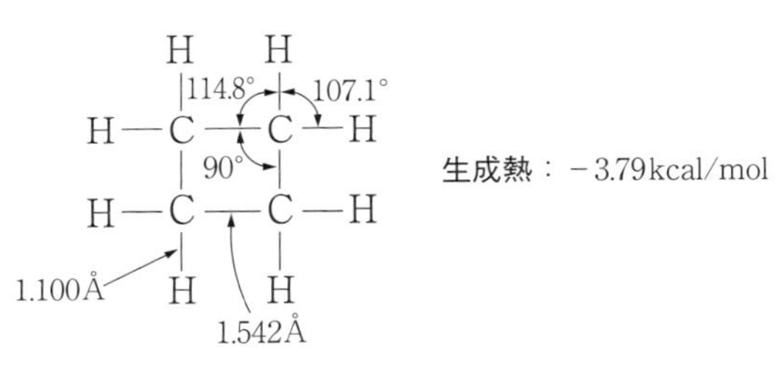

図4-15　シクロブタンの構造

つまり、シクロブタンでは環内のひずみはかなり解消していますが、それでもまだ非常に安定というわけでもありません。

ついでに五角形と六角形のシクロペンタンとシクロヘキサンについても計算してみましょう。その結果を**図4-16**にまとめます。

シクロペンタンでは種々の値から環内のひずみはかなり少なくなっていることがわかりますが、シクロヘキサンの方がずっと安定な環になっています。もう1つ炭素原子が増えたシクロヘプタン環では再び生成熱は少し高くなり、C−C−C角も正四面体角からずれ、分子の安定性はシクロヘキサンより少し悪くなります。

以上のように、環状になった炭化水素の安定性だけでなく、その立体構造も分子軌道法の計算は、はっきりと示すことができます。ここで見た、5種類の環構造のうち、シクロヘキサン環が最も安定です。一方、かなり不安定であってもシクロプロパン環は存在します。このようなことがコンピュータを使った計算だけから予測できるのです。素

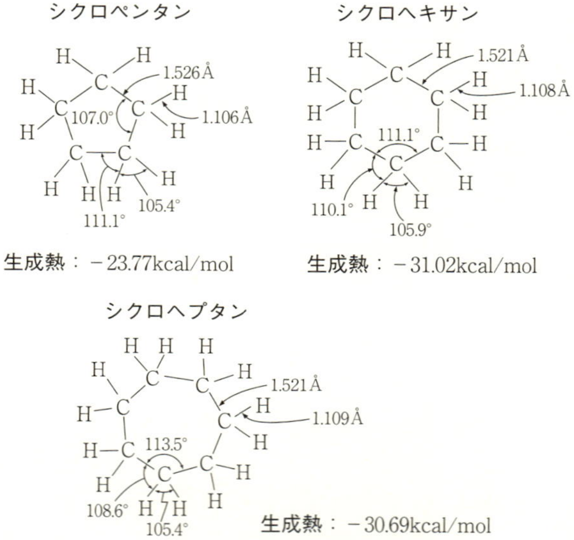

シクロペンタン

生成熱：－23.77kcal/mol

シクロヘキサン

生成熱：－31.02kcal/mol

シクロヘプタン

生成熱：－30.69kcal/mol

図4-16　シクロペンタン、シクロヘキサンおよびシクロヘプタンの構造

晴らしいとは思いませんか？　化学は暗記物ではないし、暗記に頼った化学などちんけなものだという気がしてくるでしょう。

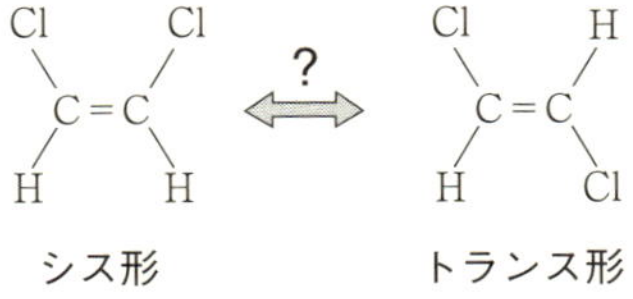

Cl　　Cl　　　　Cl　　H
C=C　　?⇔　　C=C
H　　H　　　　H　　Cl

シス形　　　　トランス形

図4-17　1, 2-ジクロロエチレンの化学構造

4・4　2重結合のまわりではなぜ回転できないか

シスとトランス

前節で述べたように、単結合している炭素原子同士は結合を軸として回転できます。それではエチレン分子のように2重結合がある場合には、その2重結合まわりの回転は可能でしょうか。**図4-17**に示す1,2－ジクロロエチレンについて考えてみましょう。

左の分子では、中央の2重結合について、Cl（塩素）原子が同じ側にあります。このような配置を「シス形」と言います。それに対して右の分子ではCl原子は反対側にあり、これを「トランス形」と言います。ねじれ角Cl−C−C−Clを考えると、シス形では0°であり、トランス形では180°です。そこで分子軌道法を用いて、このねじれ角を10°ずつ変えて、この分子の生成熱がどう変わるかを計算してみましょう。

その結果を**図4-18**に示します。最もエネルギーの低い値を0とした相対値を右端に示します。この値から一目瞭然

Cl−C−C−Clねじれ角 (°)	生成熱 (kcal/mol)	相対エネルギー (kcal/mol)	
0	4.02	0.46	シス
10	4.82	1.26	
20	7.19	3.63	
30	11.13	7.57	
40	16.60	13.04	
50	23.55	19.99	
60	31.89	28.33	
70	41.55	37.99	
80	52.45	48.89	
90	64.48	60.92	
100	52.33	48.77	
110	41.36	37.80	
120	31.62	28.06	
130	23.21	19.65	
140	16.23	12.67	
150	10.72	7.16	
160	6.76	3.20	
170	4.36	0.80	
180	3.56	0.00	トランス

図4-18　1,2-ジクロロエチレンのCl−C−C−Clねじれ角を回転することにより変化する生成熱

です。この分子の場合、シス形とトランス形の安定性は大きく変わりません。しかし、2重結合のまわりで回転していくと、分子はその途中で極めて不安定になっていくことが理解されるでしょう。ここで計算されている値の絶対値はそれほど信用できるものではありませんが、それらの相対的な関係は信頼できると考えてよいでしょう。ねじれ角Cl−C−C−Clが90°に近くなると、その山は急に険しくなります。60.92 kcal/molという値を額面通りに受け取ると、この山は、いったんこの結合を切らないと越せないくらいの高さを持っていると言えます。

実験的にもこのことは確かめられていて、2重結合のまわりには結合を軸とした回転はできません。シス形の1,2－ジクロロエチレンとトランス形の1,2－ジクロロエチレンは外見も似ており、元素の組成はまったく同じですが、異なる分子として考えるべきなのです。このように2重結合をはさんだ原子の配置の違いを「幾何異性」と呼んでおり、「シス形とトランス形は幾何異性体である」というように表現されます。

2重結合はなぜ回転できないか

なぜ2重結合のまわりでの回転ができないかを考えてみましょう。図3-11に示したエチレンの分子軌道を、もう一度見てください。6番目に安定な分子軌道は、π電子の入る軌道だとそのときに述べました。その軌道の形を見ながら、もしC−C結合のまわりでねじったらどうなるか、想像してみてください。回転をすることは、結合性分子軌道をねじ切ってしまうことを意味します。安定なこの分子軌道を切るためには非常に大きなエネルギーが必要になるのです。

図4-19にはシス形とトランス形の最適化された分子構造を示します。両者の生成熱の差はわずかですが、シス形よりトランス形の方がわずかに安定です。その理由は結合距離や結合角にもわずかに反映しています。トランス形ではCl−C−C角が120.6°ですが、シス形ではさらに開いて

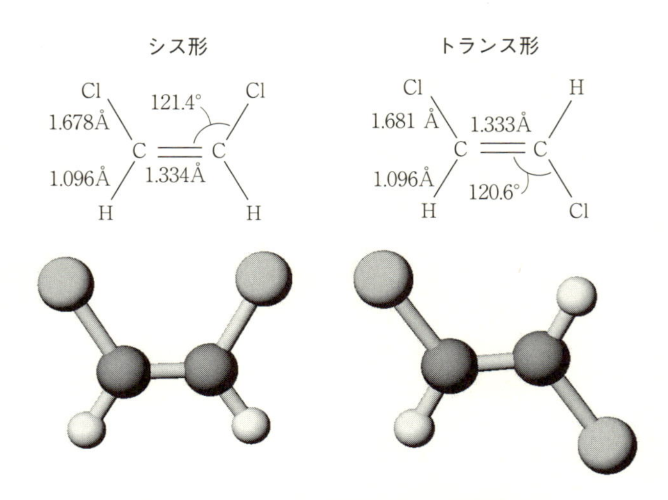

図4-19　1, 2-ジクロロエチレンの構造

121.4°になっています。これはシス形ではCl原子が分子の中で近づき過ぎるので、Cl原子同士の反発が少し起こるためです。このような分子内での原子同士の反発の強さは、どのような原子や原子団が２重結合の両側に来るかによって大きく違います。しかしシス形の方がトランス形よりも一般に不安定であると考えてよいでしょう。

4・5 オゾンはどういう立体構造を取るか

オゾンはなぜ反応性に富むのか

オゾンは空気中にも微量にありますが、放電効果を用い

(a)

O—O—O

(b)

O

O　114.0°　O

1.223Å

図4-20　オゾン分子の構造

た空気清浄器からも発生するガスです。独特の生臭い臭いを持ちます。オゾンは強い酸化力を持っていますので、この化学反応性を用いて脱臭作用を発揮します。微量に存在する分には問題ありませんが、人体に対しては強い毒性を持っています。オゾンは地表から高度20〜30 kmにたくさん溜まっており、いわゆるオゾン層を作っています。オゾンは宇宙空間から地球に降り注ぐ有害な紫外線を吸収してくれますが、それはオゾンの高い化学反応性によります。

さて、オゾンはO_3という化学組成を持っていますが、どういう形をしているのでしょうか。この問題も分子軌道法を用いれば簡単に解決できます。構造がわからないので、**図4-20(a)**のように、O−O−Oという直線状の構造をまず考え、それをPM3法で最適化して、正しい構造を求めてみましょう。

その結果を**図4-20(b)**に示します。O−Oの距離は1.223 Åそして O−O−O角は114.0°と予測されます。実験で得られた値はO−O距離が1.27 Å、O−O−O角が117°ですから、実験値に近い値が計算から求められたことがわかります。

各O原子の価電子は$2s$、$2p_x$、$2p_y$、$2p_z$という4個の原子軌道に分布できますから、分子軌道の数は合計で4×3＝

分子軌道の番号	軌道のエネルギー（eV）	電子の配置
12	4.432	——
11	2.016	——
10	−2.216	——
9	−12.691	↑↓
8	−13.165	↑↓
7	−13.191	↑↓
6	−19.864	↑↓
5	−20.342	↑↓
4	−21.444	↑↓
3	−31.068	↑↓
2	−36.070	↑↓
1	−39.679	↑↓

図4-21　オゾンの分子軌道

12個できます。そこに価電子6×3＝18個が入ることになります。これは今までの話からおわかりと思います。**図4-21**に計算された分子軌道を示します。

ここで注意して欲しいことは、反結合性分子軌道である10番目の軌道エネルギーが負であることです。この軌道のエネルギーが低いということは、オゾンでは、この軌道を電子が占めることも容易であることを示唆しています。つまり酸素原子同士を結ぶ結合は切れやすいということです。ここでは詳しいことは省略しますが、オゾンのこの分子軌道の性質により、紫外線を浴びると電子は容易に10番目の軌道に移り、分子は簡単に分解するのです。つまり非常に効率的に紫外線が吸収されます。これがオゾン層の働きを決めているのです。

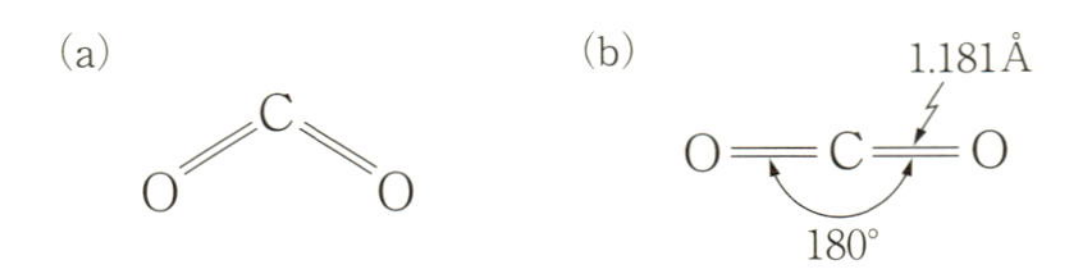

図4-22　二酸化炭素の構造

二酸化炭素の構造

ここでついでに、もう何種類かの簡単な分子の構造を分子軌道法で検討してみましょう。H_2Oは折れ曲がった構造を取ることを、すでに計算で確かめました。それでは、二酸化炭素（CO_2）の構造はどうでしょうか。とりあえずH_2Oからの類推で**図4-22(a)**のような折れ曲がった構造を作り、その構造を分子軌道法で最適化してみましょう。

計算の結果は**図4-22(b)**のようになります。C−O距離は1.181 Åであり、炭素と酸素原子間の２重結合の平均的な実験値である1.20 Åに近いので、この結合が２重結合になっていることは間違いありません。O−C−O角は完全に180°になっています。二酸化炭素自身の実験値も、この分子が直線状でC−O距離は1.16 Åであることを示しています。

アンモニアの非共有電子対

最後にアンモニア（NH_3）の分子構造を、分子軌道法で予測してみましょう。まず**図4-23(a)**のように、三角形の中心に窒素原子があり、３つの頂点に水素原子を持つ構造

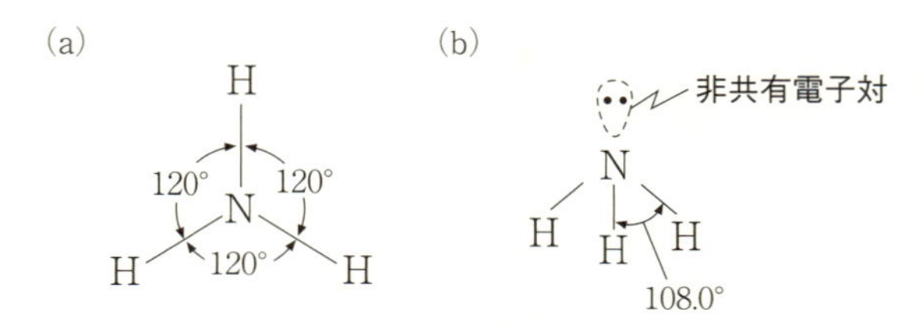

図4-23　アンモニアの構造

を出発点にして分子軌道法で最適化しましょう。

その結果が**図4-23(b)**に示されています。最適化された構造では3つのH−N−H角は108.0°と、ほとんど正四面体角になっています。炭素原子の正四面体構造では炭素原子が正四面体の中心にありましたが、アンモニア分子の場合も窒素原子が正四面体の中心にあり、3つの水素原子が3つの頂点を占めています。残りの1つの頂点は窒素原子の非共有電子対が占めています。窒素原子の価電子は5個（2*s*に2個、2*p*に3個）あり、3個は水素原子との共有結合に使います。残りの2個は対になって、図4-23(b)の上部に表した領域に非共有電子対として存在します。

非共有電子対とは、共有結合に使われていない電子対ということです。分子軌道法を使えば、非共有電子対が空間的にどのように分布しているかも見ることができます。**図4-24**にその様子を示しました。

籠状の部分の内部に電子は分布しています。籠は電子密度分布の表面を表しています。もちろん水素原子のまわりには電子密度がありますが、窒素原子の左側に電子密度が

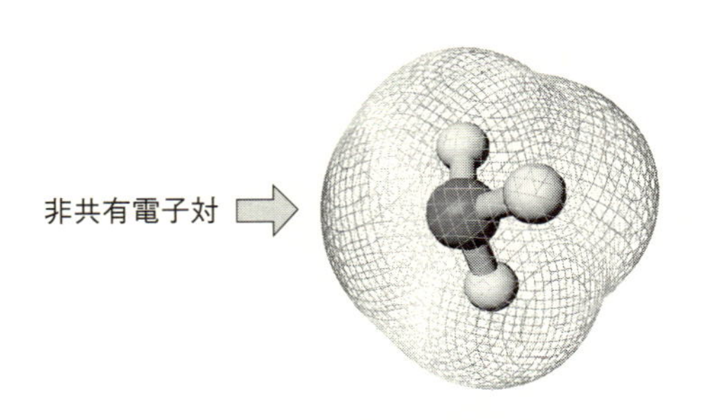

図4-24　アンモニアの非共有電子対の様子
左側の膨れているところに非共有電子対がある

ポコッと出ているところが見えます。これが非共有電子対の分布しているところです。このように分子軌道法を使えば、原子の位置だけでなく、分子内に分布する電子の様子を細かく計算で求めることができます。もちろんそれらは実験の結果とよい一致をします。

以上のように分子軌道法により、立体構造がどうなっているかを含めた分子の構造を求めることができます。それらの情報は、分子構造を実験的に求める手段で得られる情報と、正確さにおいても、見劣りがしません。さらに、分子軌道法を使えば、実在しない分子の安定性や、性質をも予測することが可能です。これは物質科学の研究を行ったり、それを応用するうえで非常に有用です。

受験生は何をおいても基本的な化学知識をそらで覚えておく必要がありますが、そうでない人たちはこの分子軌道法さえ使えれば、研究や開発の場で実際に化学を使ううえでは、博物学的な知識は一切必要がないのです。重力の法則がわかれば、多くの力学の問題が解けるのと同じです。

もちろん受験生でさえ、分子軌道法の助けを借りて化学を学習すれば、化学への認識が深まり、その原理を理解することが可能でしょう。少なくとも、化学を勉強していくうえで必要な「かん」のようなものは充分養われるでしょう。

分子軌道法は、原子や分子の世界で成り立つ量子力学という厳密な物理学に基づいていますので、正確でありかつ汎用性が非常に高いのです。

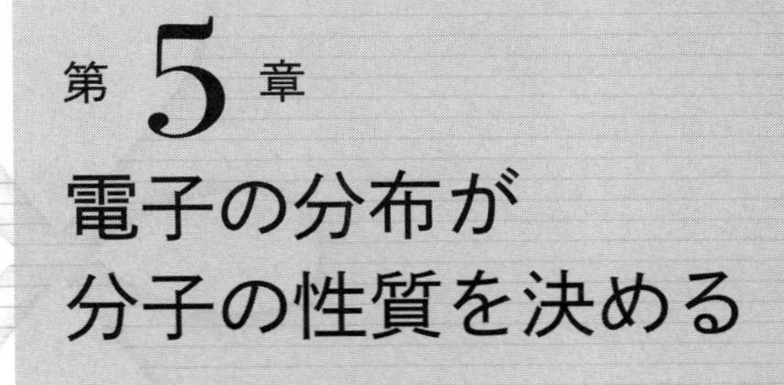

第5章 電子の分布が分子の性質を決める

5・1 電子の分布が遺伝子の働きを決める

分子軌道法で計算できる遺伝の神秘

遺伝子の本体は皆さんよく知っているようにDNA（デオキシリボ核酸）という巨大な分子です。DNAには私たち生物の働きを支配しているすべての情報が書かれています。この情報は親から子へと受け継がれ、そして孫へと伝えられていくのです。

遺伝情報はアデニン（A)、チミン（T)、グアニン（G）そしてシトシン（C）というコードで綴られています。私たちのDNAは小さい細胞の中のさらに小さい細胞核という場所にありますので、とても目に見えるものではありません。ところがA、T、GそしてCという分子文字はさらにそれよりもずっとずっと小さいので、私たちのDNAには信じられないくらい大量の情報が書き込まれています。

写真といえば最近ではほとんどがデジタル写真ですが、しばらく前までは、写真フィルムが使われていました。写真フィルムを使う場合、まずフィルムに写したい像を記録します。フィルム上に記録される色は私たちが見る色とは補色の関係になります。例えば、赤い花は、その補色である緑色の花として記録されます。像を記録したフィルムをネガフィルムと言います。ネガフィルム上の像を印画紙に写すときに色は反転し、私たちが見る世界の像（色）が写真として得られます。

DNAには情報が２重に書き込まれています。これらは

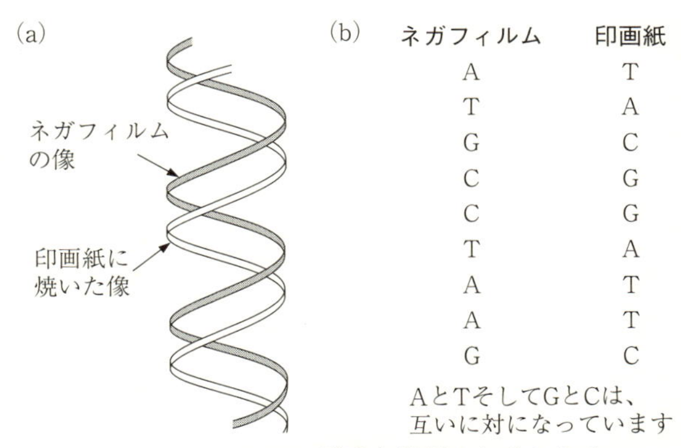

図5-1　DNAの構造と情報のしまわれ方

まさにネガフィルム上の像と印画紙に焼いた像の関係にあります。DNAはよく知られているように２重らせん構造を取っています。一方のらせんがネガフィルムであれば、他方のらせんは印画紙に焼いた像ということになります。

図5-1(a)にその様子を模式的に示しました。**図5-1(b)**のように、一方の情報がATGCCTAAGであれば、他方の情報はその情報を反転したTACGGATTCになります。つまりGとC、そしてAとTは各々１つの色を表すとともに、互いに補色関係になっているようなものです。情報をこのように２重にして、しかも片方を反転して保存する方式を取ると、誤りなく情報を保管するうえで非常に役に立ちます。生物はそれを大昔からやってきたのですから、何とも不思議です。

私たちの細胞が分裂するときには、正確にDNAを複製

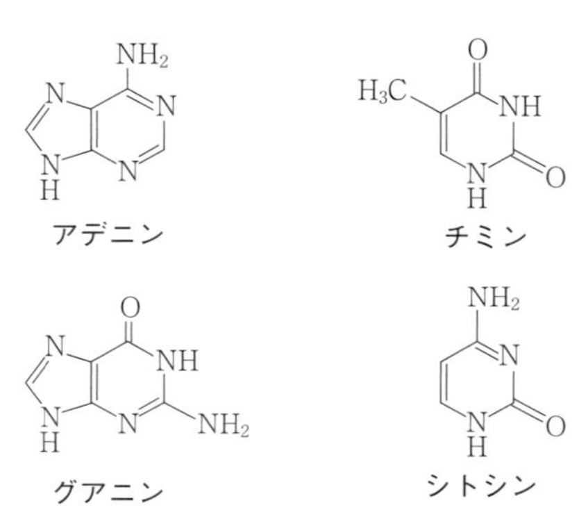

図5-2　アデニン（A）、チミン（T）、グアニン（G）およびシトシン（C）の化学構造

しなければいけません。もしDNAに含まれる情報が変化してしまうと、その細胞は死んでしまうか、場合によっては「がん」になってしまいます。そこで非常に正確な複製が必要になるのです。その正確な複製にはGとCそしてAとTが対になっていることが大いに役立ちます。それでは、なぜGはC、そしてAはTと対を作るのでしょうか。

図5-2にA、T、GそしてCの化学構造を示しました。何となくAとGは似ており、TとCは似ています。遺伝はいわゆる生命の営みの中でも非常に生物的なところですが、その遺伝が、分子のレベルでは、AとTそしてGとCの間に引き合う化学的な力で決まっているのです。A、T、GそしてCの構造を分子軌道法で求めてみましょう。

水素結合が作る２重らせん

計算の結果を**図5-3**に示します。この図では、分子軌道法で得られた各原子上の電荷を示しています。正と負の電荷は引き合い、同じ符号の電荷は反発し合います。この非常に簡単なルールは、複雑な生物体内でも当然成り立っています。

まず、GとCのところを見てみましょう。２つの分子で、酸素原子の電荷が大きく負になっていること、そしてCの１つの窒素原子にある負電荷の絶対値が大きいのに注意してください。また、Gの１つの窒素原子にある負電荷の絶対値も大きくなっています。

次に水素原子の電荷を見てみると、その値はまちまちですが、符号はすべて正になっています。酸素原子や窒素原子は電気陰性度が高いので、負の電荷を帯びやすく、一方、電気陰性度が低い水素原子は正の電荷を帯びます。

正と負の電荷が引き合う条件でGとCを接近させる方法には、実はいくつかあります。そのうち、最も安定な場合を**図5-4**に示します。このGとCの配列のしかたは、実際のDNAで見出されるものです。DNAの２重らせんの構造を発見したワトソンとクリックの名に因んで、「ワトソン－クリック型塩基対」と呼ばれています。正と負の電荷が引き合う対が、３個あることに注意してください。各対の間には、「引き合う力がある」という意味を表すために、点線が描いてあります。

この「引き合う力」を「水素結合」という言葉で表しま

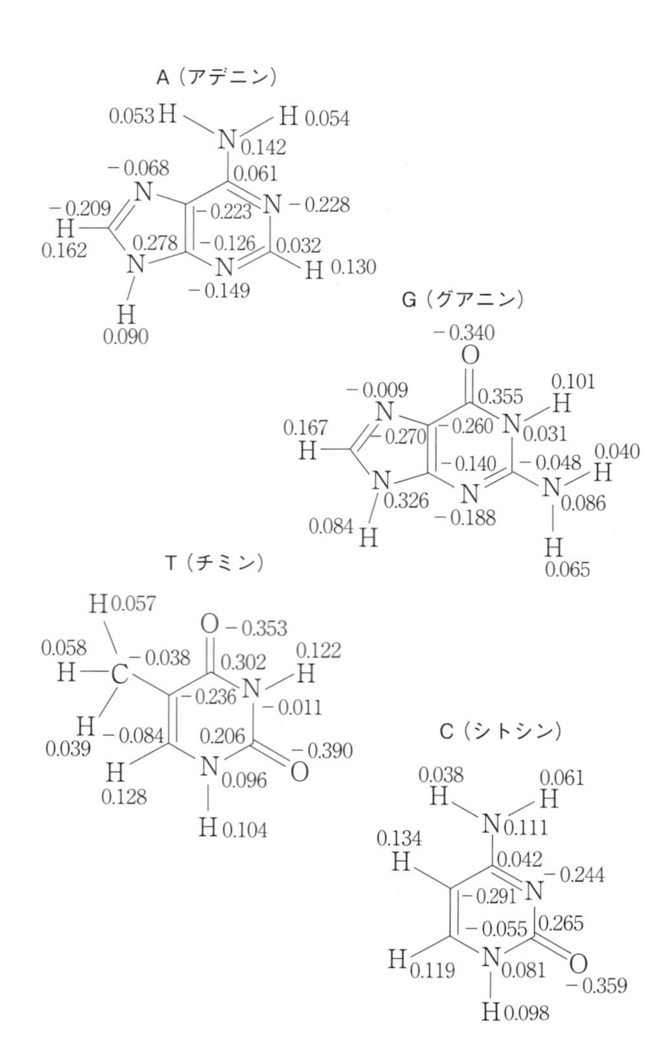

図5-3　A、G、TおよびC内の電荷の分布

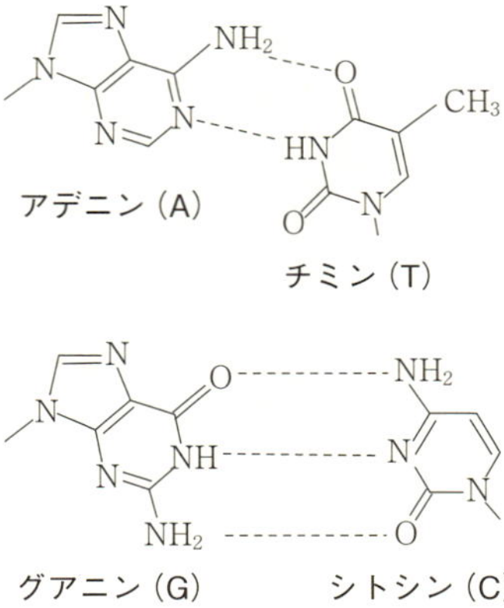

アデニン（A）　チミン（T）

グアニン（G）　シトシン（C）

図5-4　DNA中で見られるAとTおよびGとCの対
点線は水素結合を示します

す。水素結合とはこの例のように、C＝O…H－NやN…H－Nのように、負の電荷を帯びた２つの原子の間に水素原子が挟まれている場合に生じる「引力」です。実は、水素結合は単に正と負の電荷の引力だけで決まるものではありません。電子を共有することで生じる力も含まれています。しかし、ここでは単に正と負の電荷の間に働く引力と考えておきましょう。

この力はDNA中だけではなく、生物の中で起こっている様々な現象に必要な重要な力です。いわゆる化学結合の１つに分類されますが、非常に弱い力しか持っていません。しかし、分子の決まった場所で働くこと、GとCの対の場合のように複数働くことなどから、生命活動を円滑に

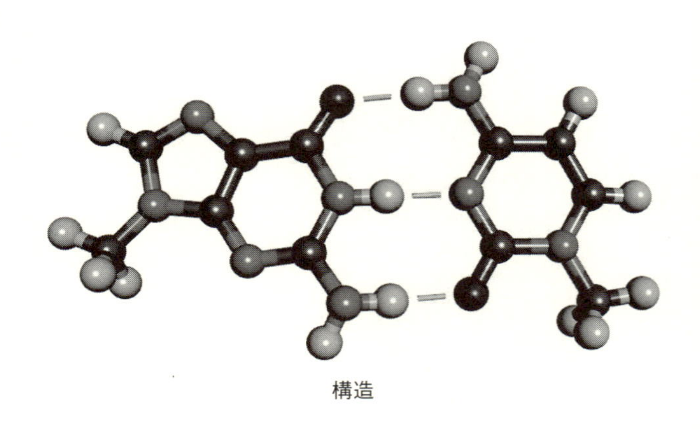

構造

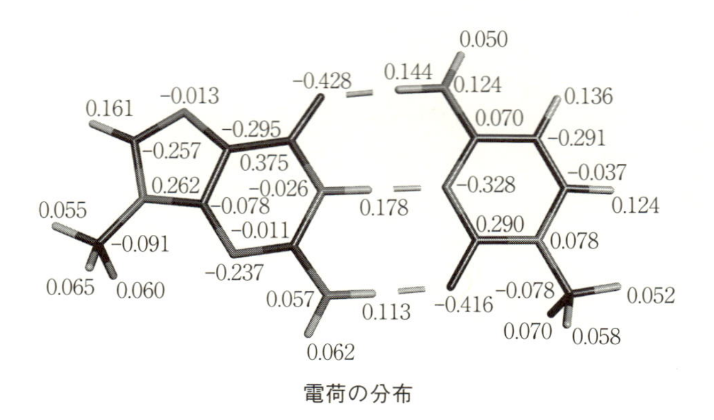

電荷の分布

図5-5　分子軌道法で決定したグアニンとシトシンのワトソン-クリック対

行わせるうえで欠かせない「力」です。GとCの対の場合、３本の水素結合でお互いが認識されています。同じようにDNAの中で実際に見られるAとTの対の配置も図5-4に示します。この場合には対の間に２本の水素結合があります。

図5-3の例では、G、C、AそしてT中の電荷を別々に分子軌道法で計算しましたが、G–CそしてA–Tという対にしても計算することは可能です。計算する系が大きくなるので、計算に要する時間は長くなります。G–C対について行った計算の結果を**図5-5**に示します。

GとCがお互いを認識して引き合うと、負の電荷を帯びた原子はより負電荷を帯び、水素結合に関係する水素原子の正の電荷はより大きくなることに注意してください。PM3法を用いると、このG–C塩基対の生成熱は約－20 kcal/molと計算され、この塩基対が安定に存在することを示唆します。ここでは示しませんが、AとTの対についても同様の計算を行うと、その対がやはり水素結合により非常に安定化していることがわかります。

ここで行った計算はそれほど厳密ではありませんが、DNAの中でGとCそしてAとTが認識し合うことを明確に示すことができます。このように分子が特異的に他の分子を認識すること（分子認識）こそ、生命現象の分子レベルでの基礎になっているものであり、生命科学は分子軌道法の応用が今後活躍できる大きな舞台の１つです。

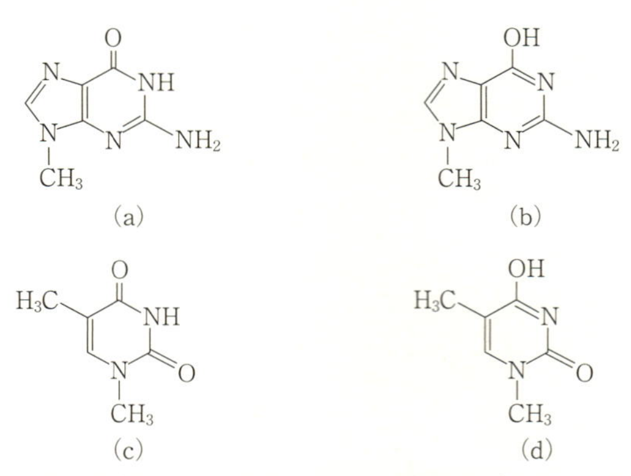

図5-6　グアニンとチミンのケト形およびエノール形

もしクリックとワトソンが分子軌道法を使えたら

さて、ワトソンとクリックがDNAの２重らせんモデルに行き着くまでには、かなりの紆余曲折を経ました。当初彼らを悩ませた１つの問題は、チミンとグアニンの化学構造式でした。

グアニンの化学構造式は今ではたいてい**図5-6(a)**のように書きますが、**図5-6(b)**のような構造の可能性もあります。これを「互変異性」と言います。同様にチミンも**図5-6(c)**の構造だけではなく**図5-6(d)**の構造も取り得ます。つまり、(a)と(b)、そして(c)と(d)はたがいに化学的に等価であり、両方とも化学構造式としては候補になるということです。また悪いことに、当時の教科書には(b)と(d)の化学構造式が載っていたそうです。

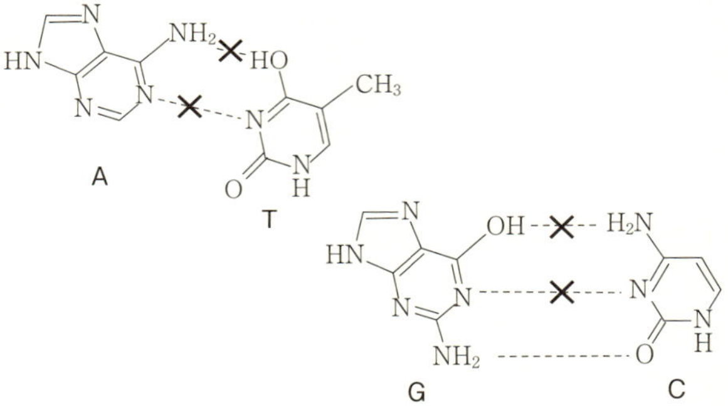

図5-7　エノール型の塩基は水素結合で対を作り難い
✕は水素結合ができないことを示す

（a）と（c）をケト型、（b）と（d）をエノール型と呼びます。何が悪いかというと、もし（b）と（d）のようなエノール型であるとすると、**図5-7**に示すように、いわゆるワトソン－クリック型の塩基対が水素結合できなくなってしまうからです。ワトソン－クリック型で塩基同士が水素結合しないと、塩基はどうしても２重らせんの中には納まらず、ワトソンとクリックにとっては、２重らせんモデルを作る最終段階での大きな問題でした。ワトソンたちがこの問題にどのように悩み、そして解決したかは、ワトソンが書いた『二重らせん』（江上不二夫、中村桂子共訳　講談社文庫）という本の中に生き生きと書かれていますので、興味のある方はそれを参照してください。

この悩みに大きなヒントをくれたのは、ドナヒューというアメリカ人の結晶学者でした。この問題で頭を抱えていたワトソンとクリックは、まさに偶然にドナヒューに会ったのでした。ドナヒューは、教科書には(b)と(d)の構造が書かれているが、それは誤りで、通常は(a)と(c)の構造を取ると教えてくれました。彼は実験事実も持っていました。実際にドナヒューの言ったことは正しく、通常は(a)と(c)の構造を取ります。そしてこの重要な情報のおかげで、ワトソン－クリックの「DNA２重らせんモデル」はみごとに完成したのでした。

教科書に書いてあることは、たいていは正しいはずですが、それにとらわれると大きな間違いに陥ることになる場合も少なくありません。常識とみなされていたことが誤りであったと後でわかることは結構多いものです。特に学問の進歩が激しい分野での教科書は注意する必要があります。１年前の説明がまったく書き換えられてしまうことも決して少なくありません。

話を戻します。DNAの立体構造が議論されていた当時の有機化学者たちは、(b)と(d)がそれぞれ(a)と(c)より安定と考えたので、そのような説明や図を書いたのでした。そこでこの問題を分子軌道法でチェックしてみましょう。

実際のDNAでは、各塩基にはデオキシリボースという糖が結合していますが、ここでは計算を簡単にするために思いきって小さなメチル基（$-CH_3$）にしてしまいます。このように実際には複雑なものを差し支えない程度に簡単化することは、科学の世界では非常によく行われ、「モデル化」と言います。この場合、DNA中のAとTそしてGとCの間の関係を知るために、モデル計算を行うということです。

PM3法を用いて求めると、生成熱の計算結果は次のようになりました。(a)6.25 kcal/mol、(b)6.81 kcal/mol、(c) −76.57 kcal/mol、(d) −62.26 kcal/molです。(b)より(a)、(d)より(c)の方が安定であることが分子軌道法ではあっさりと、しかも明確に示されたわけです。

現在ではこのように、どちらの化学構造が安定かは分子軌道法で非常に簡単に確認することが可能です。(b)や(d)は普通ほとんど存在していませんが、グアニンやチミンが単独で存在する場合にはそのような構造がまったくゼロではありません。もちろんDNAの中に入ってしまえば、もはや100％が(a)と(c)の構造を取ることになります。

5・2 エタノールは酸性か？

図5-8にエタノール、フェノールそして酢酸の化学構造を書きました。皆さんがよく知っているように、エタノールはアルコールであって、いわゆる酸ではありません。一方フェノールは弱い酸です。エタノールを水に溶かしても、その溶液の性質はほとんど中性でpHもほとんど７ですが、フェノールの水溶液のpHは6.0、酢酸の水溶液のpHは2.4になります。pHの値が小さいほど酸性度が高くなります。これら３種の化合物には共通してOH基（ヒドロキシ基）という原子団が含まれています。

ヒドロキシ基のような原子団を「官能基」と呼びます。官能基はそれが含まれる分子の性質を大きく左右します。

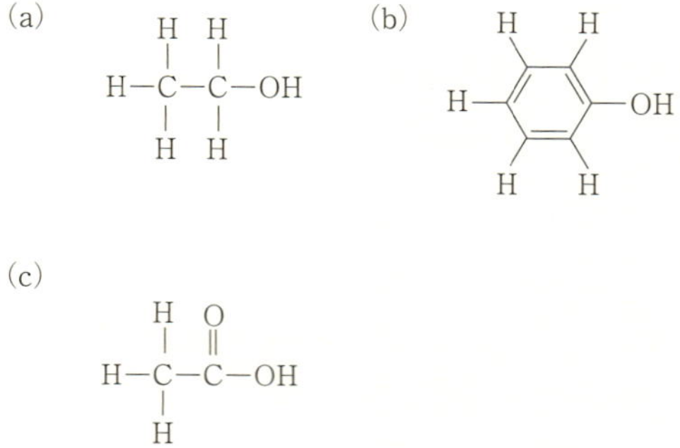

(a)

```
H   H
|   |
H—C—C—OH
|   |
H   H
```

(b)

(c)

```
H   O
|   ‖
H—C—C—OH
|
H
```

図5-8　エタノール、フェノールおよび酢酸の化学構造

(a)のエタノールのOHをHに置き換えてしまうとエタン分子になります。エタンは気体であって、普通液体であるエタノールとはまったく違う性質を持っています。

それでは分子軌道法を使って、これら３分子の性質の違いを考えてみましょう。まず分子軌道法で計算されたエタノール分子中の各原子上の電荷を**図5-9**に示します。エタノール分子は全体として中性ですが、分子の中で電荷は大きく偏っていることがわかります。特に目立つ特徴は、酸素原子が大きくマイナスの電荷（−0.312）を帯びていることでしょう。

酸素原子の電気陰性度は高く、電気陰性度が低い水素や炭素原子と結合した場合、酸素原子の方に電子が引き寄せられマイナスの電荷を帯びます。このことは、分子軌道法によってきちんと確かめられます。分子軌道法を使えば、

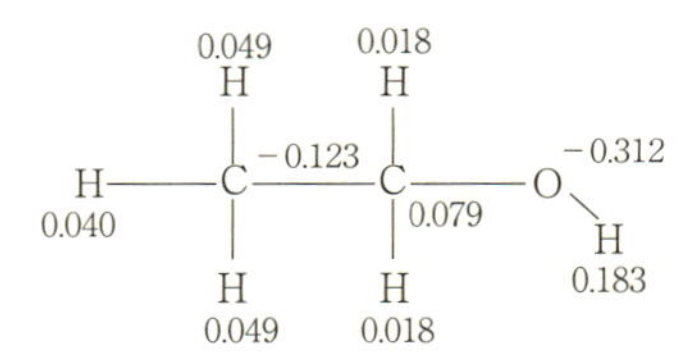

図5-9　分子軌道法（PM3）で計算したエタノール中の電荷

「そういう傾向がある」などという定性的な表現ではなく、図5-9に示すように具体的な数字として計算できることが素晴らしいのです。だから新しい分子を作ったり、その性質を予測したりするうえで分子軌道法は強力な手段になれるのです。

さて酸素原子に結合した炭素原子の電荷は、酸素原子の影響でごくわずかプラスになっています。しかし、その隣の炭素原子の電荷はマイナスになっています。エタンのような炭化水素（脂肪族炭化水素）の炭素原子は、普通このようにマイナスの電荷を帯びています。これは炭素原子の方が水素原子より電気陰性度が高いことによります。

次に水素原子の電荷を見ることにします。炭化水素の部分の水素原子の電荷は若干の凸凹はあっても、ほぼ同様にわずかにプラスになっています。しかしヒドロキシ基の水素原子が、飛び抜けて大きなプラスの電荷を帯びていることに注意してください。その定性的な理由はすでにおわかりのように、隣に酸素原子があり、その酸素原子が水素原子の１つしかない電子を引っ張っているからです。つまりエタノールのOHのHはH^+になりたがっています。＋0.183

を額面通り考えますと、約＋1/5になっているのです。

ここで、酸性とかアルカリ性（塩基性）は何によって決まるかをごく簡単に復習しましょう。酸とは塩酸（HCl）のように、水溶液中で次の式のようにH^+（水素イオン）を生じるものを言います。

$$HCl \Leftrightarrow H^+ + Cl^-$$

別の言い方をすれば、酸はH^+を放出したがっており、機会が与えられるとH^+を放つものであると言えます。「機会が与えられる」とはどういうことでしょうか。

水溶液中のH_2OはH^+イオンと非常に結合しやすい性質を持っており、結合するとH_3O^+イオン（オキソニウム・イオン）を生じます。つまり塩酸中では水素原子はH^+イオンに非常に偏っていて、さらに水溶液中では、その周囲でH^+イオンの引き取り手である大勢の水分子が、てぐすねを引いて待ち構えているということです。つまり、元の分子の中でH^+イオンになる傾向が高いほど実際にH^+イオンになりやすく、したがって酸性度も高くなるということです。

塩基性（アルカリ性）とはその逆です。H^+イオンをより引きつけやすいものが高い塩基性を持つことになります。次に示すアンモニア（NH_3）は塩基性の高い分子です。それは、次の式で示すように、この分子が強力に水分子からH^+イオンを引き離し、自分のところに取り込み、NH_4^+イオンになり、同時にOH^-イオン（水酸化物イオン）を放出するからです。OH^-イオンの濃度によって塩基性の度合いは決まります。

$$NH_3 + H_2O \Leftrightarrow NH_4^+ + OH^-$$

実は水分子には、

$$H_2O \Leftrightarrow H^+ + OH^-$$

になりたいという傾向が常にあります。アンモニア分子はこの傾向を利用し、かつ自分自身の強いH^+イオン吸引力によって塩基性を示すのです。水から強力にH^+を引き取る分子は、結果的に水の中のOH^-イオンの濃度を高くします。そこで、水中の水酸化物イオンの濃度を高める物質も塩基ということになります。

さて話を戻して、エタノールのヒドロキシ基の水素原子は分子の中で水素イオンになりたい傾向を持っていることが、すでに分子軌道法の計算で示されました。それでは水溶液中では、

$$CH_3CH_2OH \Leftrightarrow CH_3CH_2O^- + H^+$$

は起こるのでしょうか。つまりエタノールは酸性になり得るのでしょうか。結論は「はい」です。エタノールはこの水素原子の性質により、ごくごく弱いけれど酸としての働きを立派にします。

高等学校の教科書の中に「アルコールのヒドロキシ基は水溶液中では電離をしないため、水溶液は中性である」と言いきっているものがありますが、本当は正確ではありません。アルコールも立派に電離します。ただし、その程度

が非常に低いのです。先ほど水分子もH^+イオンを出す傾向があると言いました。エタノールもほぼ水と同じくらいH^+イオンを出す傾向があります。もちろん、そのH^+イオンを引き取る相手（この場合、水）がある場合です。強い塩基性を示すナトリウムとエタノールを反応させるとナトリウムエトキシド（$CH_3CH_2O^-Na^+$）という分子ができますが、これはもともとエタノールが弱いながらも酸性であるために起こる化学反応です。

ここでもう一度基礎の復習をしておきます。

HAという酸が水の中でどのようになるか、それは次の式で表されます。

$$HA + H_2O \Leftrightarrow A^- + H_3O^+ \tag{5-1}$$

例えば、エタノールの場合であれば、

$$CH_3CH_2OH + H_2O \Leftrightarrow CH_3CH_2O^- + H_3O^+$$

となります。

この反応で、右側に行く傾向が高ければ高いほど酸性は強くなります。左側に行く傾向が高ければ高いほど塩基性が強くなることも、あわせて示していることに注意してください。

HA、H_2O、A^-そしてH_3O^+の濃度を各々［HA］、［H_2O］、［A^-］および［H_3O^+］と表すと、(5-1)式で右に行きやすいか左に行きやすいかは、次の比で知ることができます。

物質名	p*K*a	物質名	p*K*a
エタノール	16.00	モノクロロ酢酸	2.86
水	15.74	ジクロロ酢酸	1.48
メタノール	15.54	トリクロロ酢酸	0.70
フェノール	9.89	硝酸	−1.30
酢酸	4.72	塩酸	−7.00

表5-1　種々の物質のp*K*a

$$K=[A^-][H_3O^+]/[HA][H_2O] \tag{5-2}$$

この比Kが大きければ、右側への反応が進むことになります。酸や塩基の量に対して、水は普通圧倒的にたくさんありますので、(5-1) 式の反応が右に行こうが、左に行こうがほとんど影響を受けません。つまり水の量は事実上増えたり減ったりしないと考えてよいということです。そうすると水の濃度［H_2O］は一定と考えることができ、(5-2) 式は、

$$K[H_2O]=[A^-][H_3O^+]/[HA]$$

と書き換えられ、さらに左辺をKaと置きなおすと、

$$Ka=[A^-][H_3O^+]/[HA]$$

となります。Kaは分子HAの酸性度を表すことになります。強い酸と言ってもKaはとても小さな値を取るので、Kaで表現するより、その常用対数の符号を変えた$-\log Ka=pKa$で表す方が都合がよく、普通pKaを分子HAの酸性

度を表すのに使います。**表5-1**におもな分子のp*K*aの実測値を示しました。p*K*a値の小さい方がより強い酸になることに注意してください。数字が1小さくなると、常用対数ですから酸性の度合いは10倍高くなることになります。

水より酸性度は低いのですが、エタノールは確かに酸性としての性質を示します。もちろん、この程度の弱い酸だと世間的な常識（？）からすれば、酸（酸っぱいもの）ということにはならないでしょう。酸っぱい「お酒」など飲めたものではありませんが、幸いほとんど私たちは感じないくらいです。

フェノールが酸性になる理由

次にフェノールを見てみましょう。表5-1にあるフェノールのp*K*aを見ると、フェノールはだいぶ酸性度が高いことになります。フェノール中の電荷を分子軌道法で求めた結果を**図5-10(a)**に示します。もしフェノールの酸性度がエタノールより高ければ、ヒドロキシ基の水素原子のプラス電荷量は増加しているはずですが、図5-10から明らかにそれが増加していることがわかります。さらに、酸素原子のマイナス電荷の量は減っています。マイナス電荷が減るとH^+イオンを引き留める力が弱くなります。つまり、H^+イオンをより出しやすい（解離しやすい）状況になっています。この結果から、フェノールの方がエタノールより酸性であり、古くは石炭酸と呼ばれたくらい、酸としての性質を持っていることがわかったと思います。

せっかくフェノールについて計算したのですから、もう

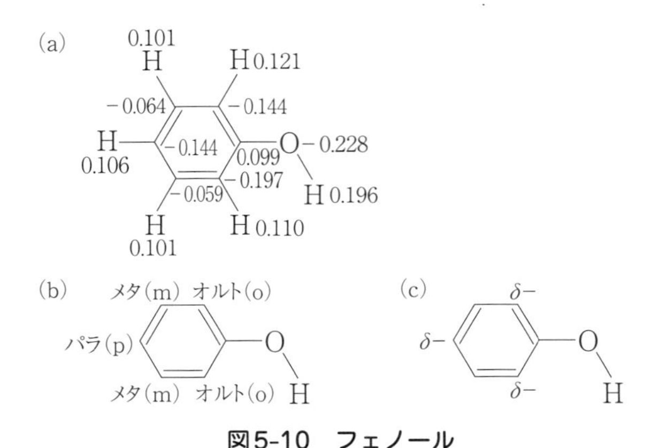

図5-10　フェノール

少しその結果を見てみましょう。環の炭素原子に直接結合する水素原子の電荷をエタノールの炭化水素部分の水素原子の電荷と比較してみてください。ベンゼン環の水素原子の方がずっとプラスに帯電していることがわかるでしょう。これはベンゼン環の水素原子と脂肪族炭化水素の水素原子の化学反応性に大きな違いが生じることを示唆しています。

　この場合も酸性という言葉を使います。つまり脂肪族炭化水素の水素原子よりベンゼン環の水素原子の方が「ずっと酸性である」と表現します。簡単に言ってしまうと、ベンゼン環の水素原子の方が「ずっと化学反応性に富んでいる」ということになります。原子の上の電荷の分布は、その分子の化学反応性を決めるうえで非常に重要な役割を果たします。

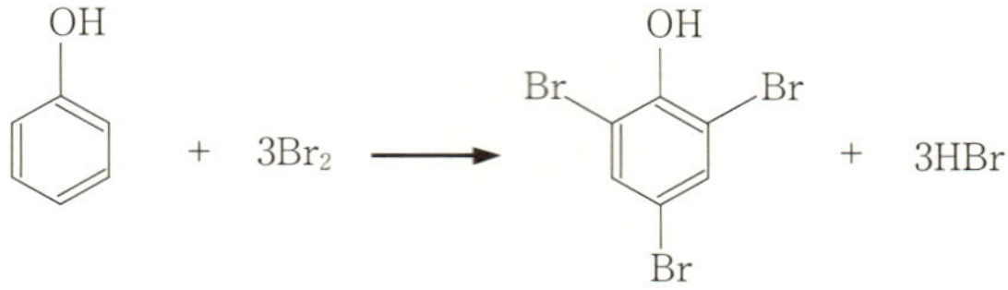

図5-11　フェノールと臭素の反応

ついでにもう１つ欲張って見てみましょう。今度はベンゼン環内の炭素原子上の電荷です。酸素原子が直接結合した炭素原子の電荷はプラスになっています。これが、電気陰性度の高い酸素原子によって電子が引っ張られた結果であることは言うまでもないでしょう。５個の炭素原子の位置は**図5-10(b)**のような名前が付けられています。OH基が曲がってついているので、２つのオルト位そして２つのメタ位は完全には等価ではありませんが、オルト位とパラ位の電子の量がメタ位に比較して２倍以上も多いことに注意してください。**図5-10(c)**に示すように、メタ位を基準（0）にすると、オルト位とパラ位の炭素原子は$\delta -$になっています。実はこれもフェノールの非常に重要な性質を示しています。

図5-11に示すように、フェノールに臭素水を加えると直ちに2,4,6 - トリブロモフェノールの白色沈殿を生じます。この反応は高等学校の化学の教科書にも載っていますが、なぜそうなるのかの理由は説明されていません。その理由はすでに行った分子軌道法計算から簡単にわかります。２つのオルト位とパラ位の炭素原子の電荷が大きくマイナス

```
          0.070
            H
            |                 O −0.397
            |−0.109         //
H ─── C ─── C 0.380
0.070       |       \
            |         O ─── H 0.227
            H        −0.311
          0.070
```

図5-12　酢酸分子内の電荷分布

になっていることが理由です。

酸性度も計算できる

酢酸分子中の電荷の分布を、**図5-12**に示します。もちろん、分子軌道法で求められたものです。まずヒドロキシ基の水素原子上の電荷を見てみましょう。明らかにフェノールの場合よりプラスの電荷の量が増加しており、酢酸がフェノールより強い酸であることを示しています。

だいぶいろいろと回り道をしましたので、ヒドロキシ基と酸性度についてここでおさらいしておきましょう。ヒドロキシ基の水素原子上のプラス電荷はその原子が置かれている環境によって大きく左右されます。そのプラス電荷が大きいほど、この水素原子はH^+イオンになりやすく、したがって強い酸になります。分子軌道法で水素原子上の電荷を計算するとその水素原子の酸性度を予測できます。

ここで、ついでに硝酸について計算して、上の結果を再確認してみましょう。硝酸の分子軌道法による計算結果は**図5-13**のとおり、水素原子の電荷はかなり大きく0.251で

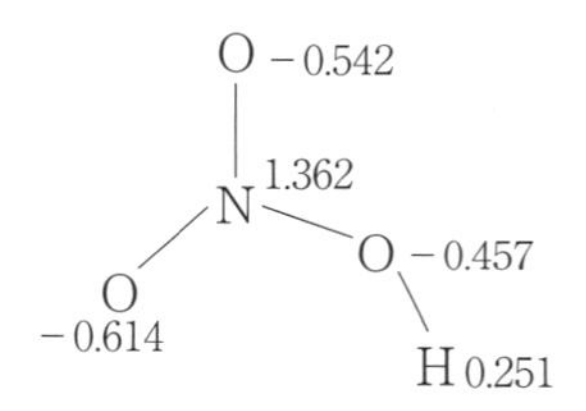

図5-13　硝酸分子内の電荷分布

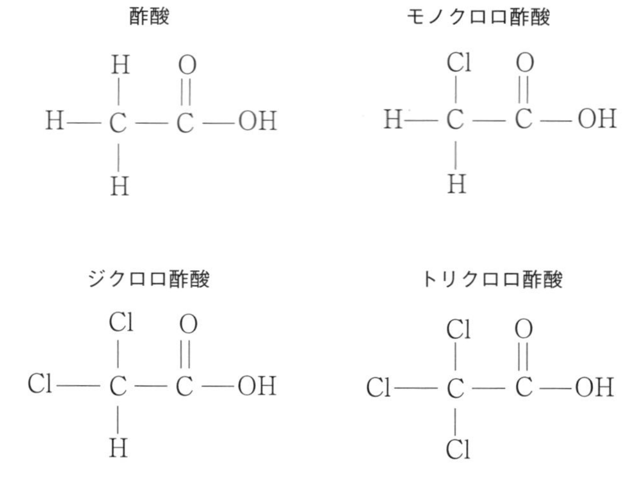

図5-14　酢酸とその塩素置換化合物の化学構造

あることがわかります。硝酸は酢酸より強い酸です。

酸の話の最後に、もう一度表5-1を見てみましょう。この表には、酢酸のメチル基の水素原子を塩素原子で置き換えた分子が３種類（モノクロロ酢酸、ジクロロ酢酸、トリクロロ酢酸）載っています。水素原子を１つずつ塩素原子に置き換えるにしたがい、p*K*aが下がっていくことがわかります。これら３種類の分子と酢酸の化学構造を**図5-14**に示します。塩素原子が３個置換したトリクロロ酢酸は生化学の実験や美容整形にも使われる強い酸です。塩素原子の数が増加するにつれてp*K*aが下がる理由を、分子軌道法を使って確かめてみましょう。

分子軌道法の計算で得られたカルボキシ基（−COOH）部分の原子の電荷を**図5-15**で比較します。−OH部分の水素原子のプラス電荷の大きさはトリクロロ酢酸＞ジクロロ酢酸＞モノクロロ酢酸＞酢酸の順になっています。これに対応して、その酸素原子のマイナス電荷の絶対値は酢酸＞モノクロロ酢酸＞ジクロロ酢酸＞トリクロロ酢酸の順になっています。トリクロロ酢酸では、酸素原子のマイナス電荷の絶対値が最も小さく、水素原子のプラス電荷が最も大きいので、最もH^+イオンを放出しやすいことがわかります。トリクロロ酢酸も含め、４種類の化合物の実験から得られたp*K*aと−OH部分の水素原子と酸素原子上の電荷の量はよく対応しています。

分子軌道法を用いれば、このような関係を実験する前に手軽に予測することができます。最近のパーソナル・コンピュータを用いれば、計算に要する時間は本当に短く、

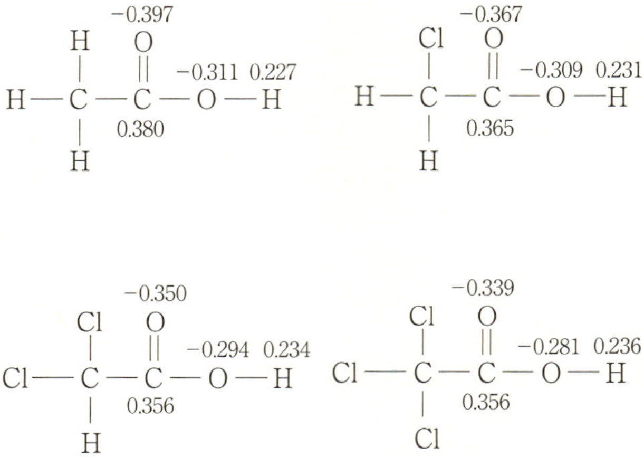

```
        -0.397
  H       O
  |       ||   -0.311  0.227
H—C——C——O——H
  |    0.380
  H

        -0.367
  Cl      O
  |       ||   -0.309  0.231
H—C——C——O——H
  |    0.365
  H

         -0.350
   Cl      O
   |       ||   -0.294  0.234
Cl—C——C——O——H
   |    0.356
   H

         -0.339
   Cl      O
   |       ||   -0.281  0.236
Cl—C——C——O——H
   |    0.356
   Cl
```

図5-15　酢酸とその塩素置換化合物中の電荷

「あっ」という間に終了してしまいます。化学の問題を考えるときに、前もってたくさんの知識を持っている必要はなく（持っていた方が、もちろんよいのですが）、分子軌道法を使えば、その問題の解答を探ることもできます。

水中での分子軌道法の適用

この節の最後に、この節で使った方法についてちょっと補足説明をしておきましょう。

第２章で分子軌道法の計算方法について非常に簡単に説明しましたが、分子軌道法で１つの分子の計算を行う場合には、原則として、その分子が真空中に１分子ある状況を考えます（気体状態に近い）。しかし、真空中にポツンと

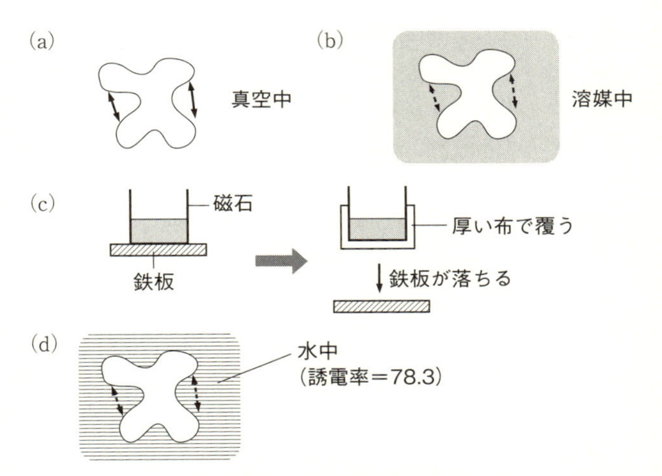

図5-16　溶媒の影響により電荷の間に働く力は減少する

ある１分子の性質について考えるだけではなく、水溶液中にある分子の性質を知りたいことも多くあります。

分子軌道法を用いて、水の中にある分子を計算することは原理的には可能ですが、その分子のまわりには水中ではたくさんの水分子があり、それらをすべて計算に含めることは容易ではありません。それでは現実的にどうするかです。特に、手軽に半経験的分子軌道法を使いたい場合には、計算量を増やせません。

真空中と水溶液中の違いは、もちろん媒質である水があるかどうかです。真空中では問題の分子のまわりには何もありませんが、水中ではその分子を水分子が取り囲んでいます。分子軌道法では、電子間の相互作用を計算します。

その相互作用は、**図5-16**に模式的に示すように、真空中では(a)のようにそのままですが、水分子などの分子が周囲にあると、(b)のようにそれらの溶媒分子によって相互作用が弱められてしまいます。**図5-16**(c)に示すように、磁石で鉄の板を持ち上げることはできますが、その磁石を充分厚い布などで覆ってしまうと磁力が弱められてしまい、その鉄板はもはや持ち上げられないことに似ています。

本来水溶液中では、たくさん水分子が存在していますが、それら個々の分子からの影響を考えると取り扱いが非常に難しくなってしまいます。そこで、平均的に電子の相互作用を変化させるように計算してやることで、水の中にある状態を何とか求める工夫をします。

2つの電荷Q_1とQ_2がdの距離を隔てているとき、その間に働く力Fは

$$F = Q_1 Q_2 / \varepsilon\, d$$

と表されます。εは誘電率です。真空中では$\varepsilon = 1$ですから、そのままですが、水の誘電率は78.3なので、水の中で働く力は約1/80に減ります。つまり、この効果をすべての分子軌道法の計算に入れてやればよいというわけです。分子軌道法のプログラムで実際にやっていることはもう少し複雑ですが、基本的にはこういうことです。

ということで、**図5-16**(d)に示すように誘電率が78.3の中にある状態にして分子軌道法の計算をしてやれば、水中の分子構造も近似的に求めることができるのです。この方法を使えば、異なる溶媒の中にある分子の構造も簡単に求

めることができます。例えばベンゼンとエタノールの誘電率は2.27および24.55ですので、その誘電率を考慮すれば各々の溶媒中の計算が可能になります。

ベンゼンのように誘電率の小さい溶媒を、非極性溶媒と言います。水は極性溶媒の代表です。もちろん、このような近似には大きな限界がありますが、私たちがこの本の中で考えることくらいであれば充分です。大学や企業の研究室でもこの近似法は実際に使われているくらいです。

5・3 アミノ酸の構造

１つの分子の中にアミノ基（$-NH_2$）とカルボキシ基（−COOH）があれば、その分子はアミノ酸と呼ばれますが、普通私たちがアミノ酸と言うときには、**図5-17**に示すように、同じ１つの炭素原子（これをα炭素原子と呼びます）にアミノ基とカルボキシ基が結合したα－アミノ酸を指します。Rは任意の置換基を示します。私たちの体にあるタンパク質を構成するアミノ酸はすべてこのスタイルを取っています。Rには20種類の原子団しか許されていません。つまり20種類のアミノ酸以外は、仮に食品から摂取しても私たちのタンパク質にすることはできません。

私たちが使えるアミノ酸の中で、最も単純なものはグリシンです。グリシンのRは最も単純な水素原子です。グリシンは私たちの体内で他のアミノ酸から作ることができますので、必須アミノ酸（どうしても外部から摂取しなければならないアミノ酸）ではありません。グリシンは甘い味

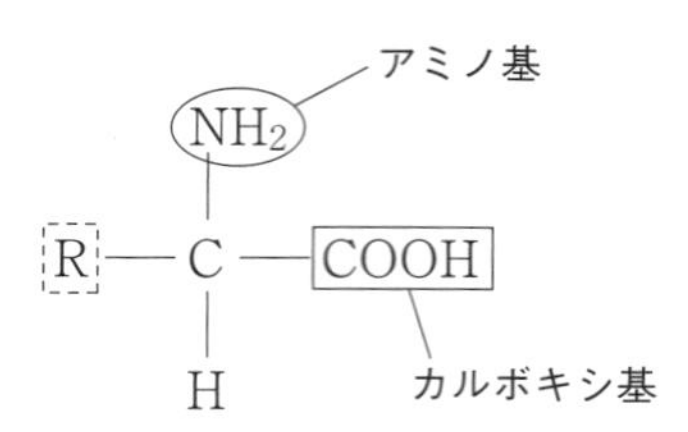

図5-17　アミノ酸の化学構造

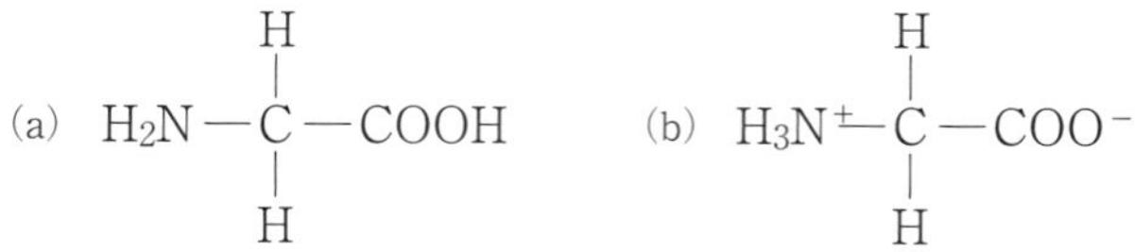

(a) $H_2N-C(H)(H)-COOH$　　(b) $H_3N^{+}-C(H)(H)-COO^{-}$

図5-18　グリシンの化学構造

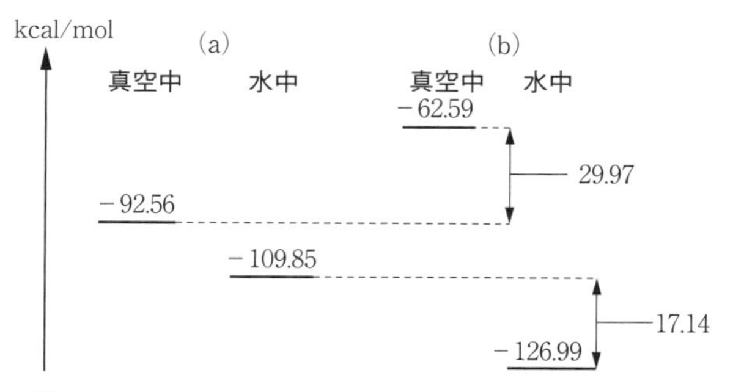

図5-19　真空中および水中における（a）と（b）の安定性

がします。その化学構造式を**図5-18**に示します。形式的に書くと、グリシンは**図5-18(a)**のようになります。

ところが、カルボン酸RCOOHは$RCOO^-$とH^+に分かれて（解離して）酸性の性質を発揮し、一方のアミノ基はH^+を取り込みNH_3^+になって塩基性（アルカリ性）の性質を発揮する傾向を本来持っています。分子の中で２つの官能基の利害関係（？）が一致します。するとCOOH基の水素原子はNH_2に移り、**図5-18(b)**のような化学構造を取ることになります。

グリシンは水に溶けやすい性質を持っていて、中性の水に溶けると実は図5-18(b)のような構造を取ることが知られています。１つの分子の中にプラスの電荷を持った部分と、マイナスの電荷を持った部分が同居しているので、このような分子は「双性イオン」になっていると言います。グリシンに限らず、アミノ酸は中性の水溶液ではたいてい双性イオンになっています。私たちの体の大部分は水からできていて、その水の大部分は中性の状態になっています。つまり、たいていのアミノ酸は私たちの体内では双性イオンになっていると言えます。

このことを分子軌道法で調べてみましょう。考え方は非常に単純です。まず図5-18(a)の分子構造について、真空中と水中での生成熱を計算します。次に図5-18(b)の分子構造について、同様に真空中と水中での生成熱を計算します。そして生成熱を比較して、水中ではどちらの分子構造を取りやすいかを考えます。

図5-19に計算結果をまとめて示してあります。真空中で

は図5-18(a)の分子構造の方が29.97 kcal/molも安定ですので、真空中ではもっぱら(a)の構造を取っていることがわかりました。それに対して、水中では図5-18(b)の構造の方が17.14 kcal/molも安定なので、水中（中性の）では(b)の構造すなわち双性イオン構造をおもに取っていることが明らかです。水中の状態を計算するには前節と同じように水の誘電率78.3を考慮しました。水の影響はあくまで近似ですから、計算された数字はあくまで目安です。

しかし、このように分子軌道法を用いると、ある分子を水に溶かしたらどのようなイオン状態になるかも、予測できるのです。もちろん実際に実験してみれば確かめられることですが、実験をせずに理論に基づいてかなりのことが予測できるのは、単に知的に興味深いばかりでなく、化学工業や製薬工業の現場では非常に役立つことなのです。

双性イオンである図5-18(b)の方が図5-18(a)よりずっと水に溶けやすいことは、食塩が水に溶けやすいことと基本的に同じです。イオンになりやすいものは水に溶けやすいのですから、分子軌道法のご利益を待たなくても、(b)の方が水の中では取りやすい構造であることは予測できます。

5・4 炭素原子の電荷はプラスかマイナスか

電子の多様性が炭素原子の多様性を生む

炭素原子は、私たち生物を支える「要の元素」であると

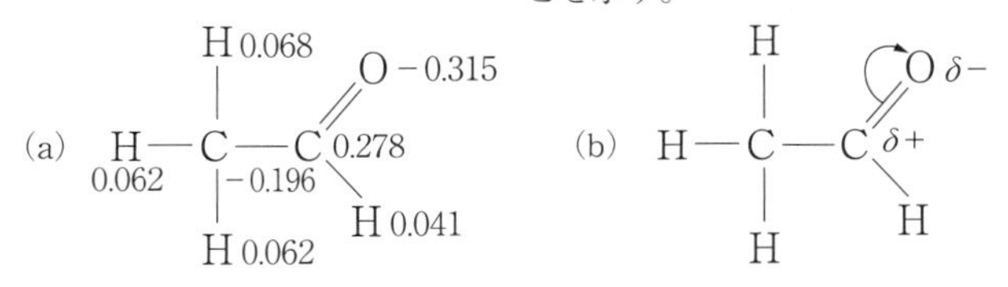

図5-20　アセトアルデヒドの構造

言えます。炭素原子の変幻自在な性質によって、非常に多様な分子が生まれ、そのお蔭で生命は誕生した、とも言えるでしょう。これまで分子軌道法で計算した分子中の炭素原子の電荷を振り返ってみてください。脂肪族炭化水素分子の中ではマイナスを帯びていて、カルボン酸のところではプラスを帯びています。

これまでの話の中でも何度も繰り返していることですが、このように炭素原子上の電荷が変わるのは、その炭素原子に結合する原子の電気陰性度によります。つまり炭素原子上の電荷は、隣接して結合する原子の種類によって変化します。そして電荷の変化とともに、その炭素原子付近の立体構造も大きく変化します。炭素原子のこの自在性が、多様な有機化学の源であり、ダイナミックな生命活動の源でもあるのです。

すでにいくつかの分子で例を見てきましたが、炭素原子がマイナスの電荷を帯びる場合についてまず見てみましょう。**図5-20(a)**に、分子軌道法で求めたアセトアルデヒド

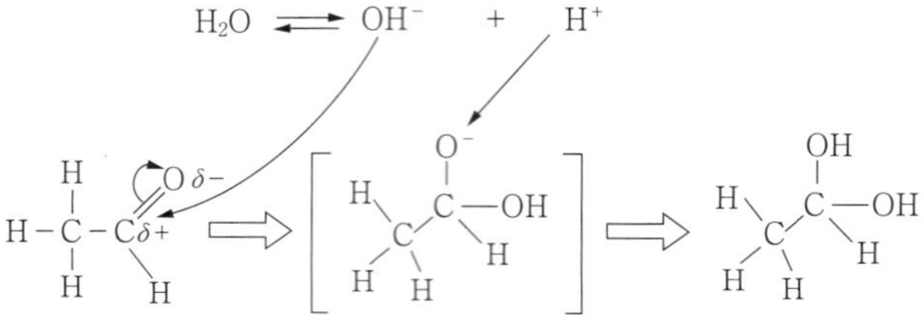

反応中間体

図5-21　アルデヒドと水の反応

分子中の電荷分布を示します。この分子には２つの炭素原子が隣り合わせにあり、それらの電荷は好対照を見せています。左の炭素原子がマイナス電荷を帯びているのに対し、右の炭素原子はプラス電荷を帯びています。つまり、２つの炭素原子の化学反応性はまったく異なるのです。形式的に表すと、**図5-20(b)**のようにカルボニル基（−(C=O)−）の酸素原子は$\delta-$、炭素原子は$\delta+$の電荷を帯びています。一方、左側のメチル基の炭素原子がマイナスの電荷を帯びるのは、電子を離そうとする（プラスになりたい）水素原子が３個結合していて、その電子を炭素原子に押し付けているからです。

水酸化物イオンはマイナスの電荷を持っており、アルデヒドのプラスの電荷を帯びた炭素原子と容易に反応します。その結果、**図5-21**に示すように、かっこ内の化合物をまず作ります。そして水から水酸化物イオンが生じたときに残った水素イオンが、かっこ内の化合物に作用すると、右端に示す化合物ができます。化学反応の途中で、ごくごく短い時間だけ存在する化合物をこのようにかっこでくくって表現し、「反応中間体」と呼びます。カルボニル基を持つ化合物の反応性は、炭素原子がどの程度プラスの電荷を帯びるかに大きく依存しています。

マジックの仕掛け――グリニャール試薬

有機化学の大きな目標の１つは、種々の有機化合物を反応させて新しい化合物を作り出すことです。新しい薬や新しい機能を持った材料を作り出すうえで、有機化学の手法は今や必須のものになっています。今まで世の中に存在しなかった物質を作り出すという意味で、有機化学は工業的に有用なだけでなく、知的な冒険に溢れた学問です。

能率的に反応を進めるために、有機化学者は反応させる材料をいろいろと工夫しています。反応させる材料を「試薬」と言いますが、より使いやすい能率的な試薬を開発することは有機化学の非常に重要な課題になっています。有機化学者は種々の化合物の中に、言わば仕掛けを組み込み、有機反応を起こしやすくしているのです。どんなに奇跡のように見えても、マジックには必ず仕掛けがあります。有機化学者は「分子仕掛け」を用いて、分子のマジックを見せる科学者とも言えます。

アルコールは医薬品をはじめ種々の化学物質を作り出すときに必要ですので、その合成法は古くからいろいろと研究されてきました。そうしたアルコール合成法の中でグリニャール試薬を用いた方法は現在非常に広く使われている方法の１つです。グリニャール試薬とは、**図5-22(a)**の一

(a) $R-MgX$（一般式）　　(b) CH_3CH_2-MgCl

図5-22　グリニャール試薬

$$\overset{-0.061}{H_3C} - \overset{-0.327}{CH_2} - \overset{0.544}{Mg} - \overset{-0.376}{Cl}$$

図5-23　グリニャール試薬内の電荷の分布

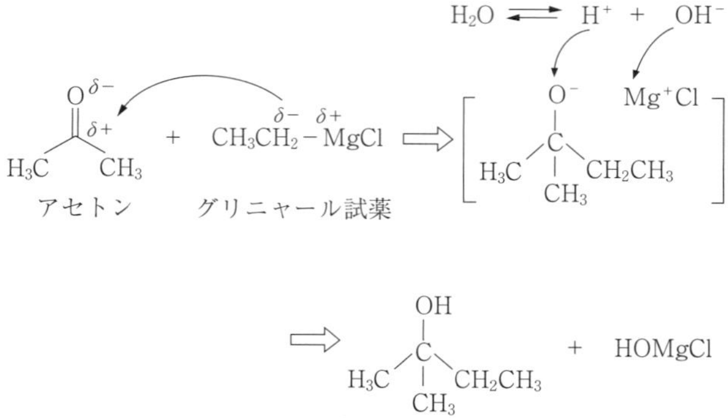

$H_2O \rightleftarrows H^+ + OH^-$

$O^{\delta-}$, $\delta+$, H_3C, CH_3
アセトン

＋ $\overset{\delta-}{CH_3CH_2}-\overset{\delta+}{MgCl}$
グリニャール試薬

⇨ $[\ O^-\ \ Mg^+Cl\ \ C\ \ H_3C\ \ CH_2CH_3\ \ CH_3\ ]$

⇨ OH, C, H_3C, CH_2CH_3, CH_3 ＋ $HOMgCl$

図5-24　グリニャール試薬を使ったアルコールの合成

般式で表される化合物です。Rはアルキル基を、Xはハロゲン原子を表しています。**図5-22(b)**にその１つの例を示します。この場合、アルキル基はエチル基で、ハロゲンは塩素原子です。

この分子内で、炭素原子の電荷はどうなっているのでしょうか。分子軌道法で計算した分子の電荷を**図5-23**に示します。Mg原子に結合した炭素原子の電荷が大きくマイナスになっていることに注意してください。グリニャール試薬とは、炭素原子の電荷を大きくマイナスにして、プラスの電荷を持った原子団と反応させやすくするためのものです。その反応の例を**図5-24**に示します。

ここではアセトンに図5-22(b)のグリニャール試薬を反応させています。アセトンのカルボニル炭素原子は$\delta+$になっています。したがって$\delta+$と$\delta-$が引き合い、カルボニル炭素原子とエチル基が結合します。結果的にカルボニル酸素原子はO^-となり、グリニャール試薬のうち、エチル基を放出した残りの$MgCl^+$イオンと引き合います。この中間状態をかっこに示しました。このかっこ内の状態は不安定で、酸性の水溶液中で、図に示すように水分子が解離してできる水素イオンと水酸化物イオンが、この中間体に作用して、アルコールとHOMgClを生じます。この方法を使うとたいていのアルコールは合成できます。

5・5 高分子の中を電気が流れる

2重結合が鍵を握る

金属の中では各々の原子の価電子は、あまり強く各原子に結合していないので、金属全体を比較的自由に動き回ることができます。このような電子を「自由電子」と言います。金属中では、この自由電子が文字通り自由に動けるので、金属は電気を伝導することができます。金属が持っている独特の光沢もこの自由電子によります。

これに対して、例えばエタンのような普通の有機分子は、電気に対してむしろ絶縁体として働きます。しかし、もし有機化合物であっても、その中である程度自由に電子を動かすことができれば、電気を伝えることが可能になります。

第4章でベンゼンの話をしました。単結合と2重結合が交互にあると、2重結合のところにあるπ電子が単結合のところにも染み出していきます。つまりこのような環境を与えれば、電子は化学結合を伝って流れることも、すなわち電気伝導性を示すことも可能になります。

図5-25に示したポリアセチレンでは、まさに2重結合と単結合が交互になっているので、その電気伝導性が期待されます。2重結合と単結合が交互になった形を「共役系」といいます。またこのように化学的な基本単位が連続的につながった分子を「高分子」と言います。

かつて有機高分子は絶縁体であると考えられていました

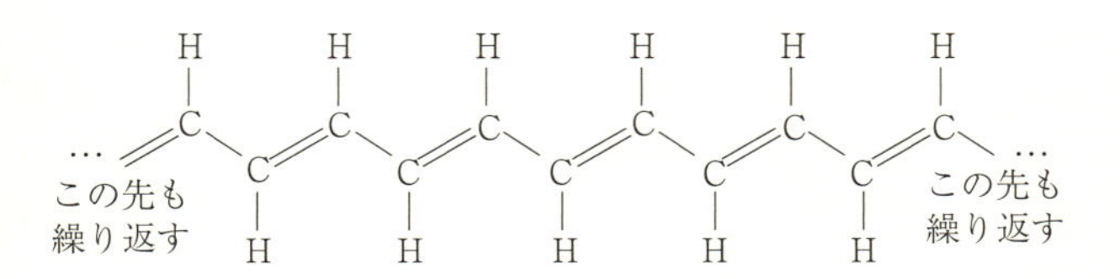

図5-25　ポリアセチレンの化学構造

が、白川英樹先生とその共同研究者は、高分子であっても図5-25のような共役系を持つ化合物は導電性を示すことを、実際にそうした化合物を合成することで、明確に示しました。その業績で、2000年度に白川先生は日本人としては二人目になるノーベル化学賞を受賞されました。

ポリアセチレンは大き過ぎますので、ここではすでに第4章で見たブタジエンについて考えてみます。ブタジエンでわかったことは当然ポリアセチレンにも拡張して考えることができます。ブタジエンの分子構造についてはすでに分子軌道法計算を行いました。その結果は図4-4に示されていますので、それをもう一度見てください。確かに左右の2重結合にあるπ電子が非局在化して、中央のC−C結合は平均的なC−C単結合（1.530 Å）よりもだいぶ短くなっています。しかし、両側の2重結合はまだ充分短く、π電子はそこにかたまっている傾向が高いことを示しています。つまり電子はスムーズには流れ難い状態になっています。

白川先生たちの発見の素晴らしい点の1つは、電気伝導性を増加させるためにヨウ素をドーピングしたことでした。ここで言うドーピングとは、もともと半導体の分野で使われていた手法で、微量の不純物を加えることで半導体の特性を変えることを意味します。オリンピックなどで問題になる薬物ドーピング、いわゆるドーピングと単語は同じものです。

「ドーピング」でノーベル賞をとった白川博士

白川先生たちはヨウ素をポリアセチレンにドーピングすることで、ポリアセチレンの電気伝導性を銅やアルミニウムの値近くまで上げることに成功しました。これはドーピングによって10桁以上導電性が上がったことに相当します。まさに画期的な発見だったと言えます。

では、なぜドーピングすると導電性が上がるのでしょうか。ここでは単純なブタジエンで見ることにします。

簡単に言ってしまうと、ドーピングにより、それまで電気的に中性であったブタジエンが、全体として陰イオンまたは陽イオンになります。「イオンを打ち込む」という表現が使われるくらいです。そこで、陰イオン化したブタジエンと陽イオン化したブタジエンの構造を、分子軌道法で調べてみることにしましょう。

実験的にブタジエンを陰イオン化したり、陽イオン化するのは容易ではありません。このように、実験ではなかなか作ることが難しい状態を調べられることは、まさに分子軌道法の強みと言えます。

陰イオン化（アニオン化）したブタジエンの構造を、**図5-26**に示します。中央のC−C単結合がぐっと短くなり、そ

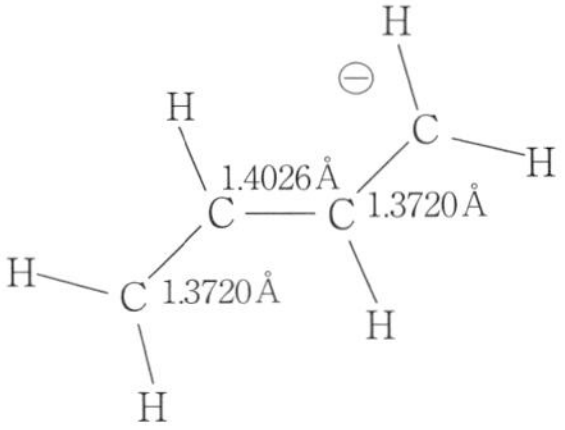

図5-26　アニオン化したブタジエンの構造

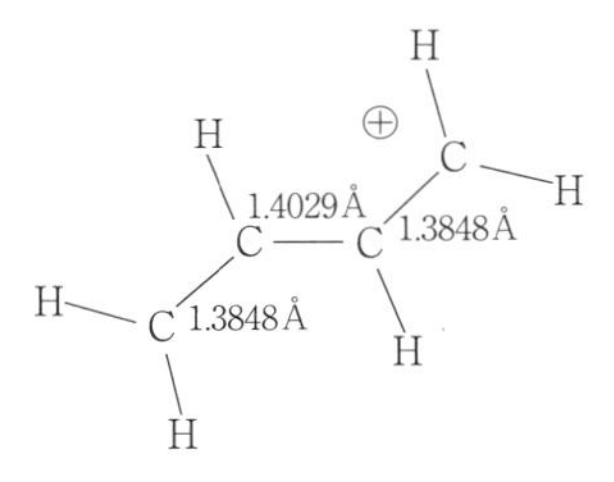

図5-27　カチオン化したブタジエンの構造

の両側の元の２重結合部分が長くなっていることがわかると思います。事実上、３本のC−C結合は同じ長さに近くなっています。つまり、π電子は３本のC−C結合にほぼ均等に流れるようになります。それはまさに金属中の自由電子のように、ブタジエン分子の炭素原子の間を電子が流れることを意味し、ドーピングした分子の電気伝導性が飛躍的に上がることを説明します。同様にブタジエンを陽イオン化（電子を１つ引き抜く。カチオン化）した場合の構造を**図5-27**に示します。アニオン化した場合に比較すると、中央のC−C結合はごくわずか長くなっていますが、中性の状態と比較すると3つのC−C結合距離はずっと等価になり、π電子の流れは向上していることがわかります。

以上のように、イオンをドーピングすることで、ブタジエン中のπ電子の流れは格段に向上することが分子軌道法で証明できました。少なくともこの計算で、ドーピングの効果は理解できたと思います。実際の導電性高分子について、その特性を計算するにはもう少し込み入ったことを考えなくてはなりませんが、おおよその原理を理解するためにはここで示したような例でも充分と言えます。その分子の性質が理論的な計算から推測できることは、実際にどのような分子を作るかを考える（このことを分子設計と言います）うえで非常に役に立つことが、この例からもおわかりになるでしょう。

ところで白川先生たちの発見によって開発が進んだ導電性高分子は発光素子（EL（エレクトロルミネッセンス）素子とも呼ばれます）に応用され、現在ではディスプレイ用の材料として広く活用されています。化学の世界の発見がエレクトロニクスの分野にも極めて大きな影響を与える、非常によい例とも言えるでしょう。

このように、まだまだ新しい材料が開発される可能性はあり、エネルギー問題や地球環境問題を解決するうえでも、私たちは新しい材料や方式を是非とも考えなくてはなりません。化学はこのような目的を達成するうえでも、非常に重要な科学です。またそうした目的を達成する過程は、極めて知的冒険に満ちたものです。冒険とか挑戦というとすぐ、高い山に登ったり、極地方に行ったり、高速で走ったり、ということを思い浮かべる人が多いと思いますが、実は知的冒険はそれらに負けず劣らず素晴らしいものだと思います。知的冒険は人間にしかできないという点からは、実に人間的な冒険でもあり、その成果を賢く利用すれば広く人類の役に立つという意味では、前者の範疇の冒険とは比較できないほど素晴らしいものだと思います。

知的冒険に出かけるためにも、周到な準備が必要です。また機材などに頼れないところが多く、個人そして研究チームの努力・辛抱がかなり要求されます。このような準備がなければ、ピークには到達できません。若い読者の方々が、どんどんこの知的冒険への旅に出ることを願っています。

第6章
分子の色を知る

6・1 色とは何か

私たちは様々な色を見ています。花や蝶など自然の動植物の色、洋服や車など人工の物の色、そしてまばゆい空の青さや雨上がりの虹などの自然現象の色などです。私たちは網膜にある錐体細胞で色を感じます。それではそもそも色とは何でしょうか。

私たちの錐体細胞が感じるのは、可視光線です。紫外線、赤外線、そしてX線がすべて電磁波であるのと同様に、可視光線も電磁波です。これらの電磁波の性質を決めるのは、その波長です。私たちの目に見える電磁波は可視光線の領域のみであり、その波長はおおよそ3800～7800 Å（1 Å＝10^{-10} m）です。

波長の範囲と私たちが感じる色の関係は、おおよそ次のようです。紫は3800～4350 Å、青は4350～4800 Å、緑は5000～5600 Å、黄緑は5600～5800 Å、黄は5800～5950 Å、橙は5950～6050 Å、赤は6050～7000 Åです。4800～4900 Åの光は緑青、4900～5000 Åの光は青緑に見えます。3800 Åより短い電磁波が紫外線、そして7800 Åより長い電磁波が赤外線で、両方とも私たちの目には見えません。つまり私たちの錐体細胞が感じられる波長の電磁波が目に入ってくると、私たちは色を感じます。

私たちのまわりには紫外線も赤外線もあります。私たちはそれを色として感じないだけで、目には飛び込んできています。オゾン層の破壊にともない私たちの目に入ってくる有害な紫外線の量は確実に増えています。しかし、残念ながら私たちの目ではその増加を認識できません。だから危険とも言えます。

特定の波長の可視光線が選ばれる（私たちの目に入ってくる）メカニズムにはおもに３つあります。

第１は、散乱や回折によるものです。太陽から来る電磁波の中には、あらゆる波長のものが混じっています。もちろん紫外線もあります。したがって、太陽光は本来白色（色がない）光です。それなのに空が青く見えるのは、青の光の波長は短く散乱されやすいからです。またこの白色光をプリズムに通すと、虹色を見ることができます。これは太陽光に含まれる種々の波長の光がプリズムにより異なる角度で屈折されるために、別々の色に分離されるのです。この第１のメカニズムでは、白色光に含まれる特定の色の光を強調したり、取り出すことで私たちは特定の色を見るわけです。

特定の波長の可視光線が選ばれる第２のメカニズムは、この章の主題です。それは白色光の中の特定の波長の可視光線が物体によって吸収されてしまうために、吸収されずに残った可視光線が見えてくる場合です。

赤い花や青い花は、その花に含まれている色素が異なるため、白色光から吸収する可視光線が異なります。その結果、吸収されずに残った可視光線を見ている私たちには、異なった色として見えてくるのです。絵の具で２つの色を混ぜたとき、真っ黒になってしまう場合、その２つの絵の具の色は「補色」の関係にあると言います。つまり吸収される光の色の補色を私たちは見ることになります。

赤と緑は補色です。赤付近の光を強く吸収する物体に太陽光を当てると、その物体によって吸収されなかった光のみが反射されてきます。つまり、その物体は緑に見えます。高速道路のトンネルの中ではよく黄色の照明が付けられています。赤い色の車は、そうしたトンネルの中では黒っぽく見えます。これは黄色い照明の光の中には赤の色の成分がほとんどなく、大部分の光が塗料で吸収されてしまうので、反射してくる光が少なくなってしまうことによります。

特定の波長の可視光線を発生させる第3のメカニズムは、いわゆる発光というものです。古典的な例はホタルの光です。残念ながら、最近ではホタルを見ることはほとんどなくなりました。今、最も身近に見ることのできるこの例は、発光ダイオードの光です。発光ダイオードは半導体でできていて、電流を流すと半導体の種類や不純物によって特定の波長の光のみを放出するものです。また金属の炎色反応による特定の波長の光もあります。例えばナトリウムを炎中に入れると黄色の光（5890 Å）が発光します。

6・2 分子を活動的にするということ

分子に光が当たると

この節では、前節で述べた第2番目の理由で見える色について少し考えてみたいと思います。この色は、物体を作る特定の分子が特定の波長の可視光線のみを吸収してしま

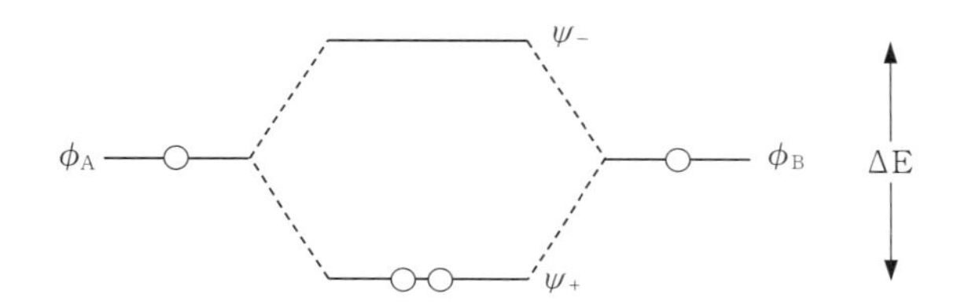

図6-1　水素分子の分子軌道

い、残った光が作り出すものです。可視光線を吸収するのは分子です。例えば真っ赤なスポーツカーには緑系の色を強く吸収する色素分子が塗料として使われているので、赤く見えるのです。

それでは色素分子に光が当たると、どういうことが起こるのでしょうか。色の研究と分子軌道法、あるいは量子化学の関わりには非常に深いものがあります。色が形成されるメカニズムを知るためには、量子化学的な考察が必須だからです。光（色）の研究から量子化学のもとになる量子力学が生まれたと言っても、過言ではありません。

まずはじめに、直接色とは関係ありませんが、水素分子に光が当たる場合を考えてみます。

水素分子は２つの水素原子からなり、それらの原子の間に２つの電子が共有されることで、分子は安定化しています。分子軌道法の考え方を取れば、**図6-1**に示すように、２つの原子軌道から２つの分子軌道 ψ_+ と ψ_- ができます。いつでも電子はより安定な状態になりたがっており、また２つ１組のペアを組みたがっています。そこで、通常は安定な分子軌道ψ_+に、図6-1のように２つの電子がペアになって入ります。これはすでに学んだことの復習です。この状態を「基底状態」と言います。何も波風の立たない「穏やかな状態」と言ったらよいでしょうか。そういう状態では、分子は落ち着いていて最も安定な状態にあります。

ただ安定であるとは、別の見方からするとあまり面白みがないということにもなります。化学に限らず、世の中はやはり活動的でないと面白くありません。何か新しいことをやろうというときには、少なくとも現状を変える必要があります。すべての分子が基底状態で安定していると、化学反応はまったく起こりません。もしそうなると、化学反応が支えである生物は死んでしまいます。

私たちの場合もお腹が空いていれば、あまり活動的にはなれませんが、食べ物でエネルギーを補給すると活動的になります。分子にエネルギーを補給する方法には、２つあります。１つは熱することです。もう１つは光（正確には電磁波）を当てることです。熱を加えると活動的になるのは、何となく直感的にわかるでしょうが、光を当てるとなぜ活動的になるのかは、なかなか直感では捉えにくいかもしれません。

実は、光によって分子を活動的にすることは、第１章で述べた電子の量子化と、まさに深く関わっています。

光のエネルギー

光は、波としての性質と粒子としての性質を、あわせ持っています。光は、まず**図6-2**のような波の性質を持ちま

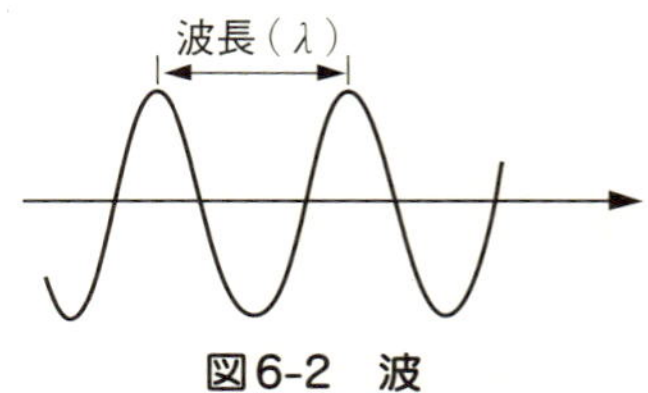

図6-2　波

す。つまり海の波のように、山と谷を周期的に繰り返しながら進みます。したがって、波の性質である波長（λ）を持ちます。光の波が進む速度はいわゆる光速（c）であり、世の中で最も速いものです。１秒間に波が何回打ち寄せるかを表すのが、波の振動数（ν）と呼ばれるものです。ついでですから、この３つの量の関係を見てみますと、$c=\lambda\nu$となります。つまり「波長λの波が１秒間にν回通り過ぎる速さ」が光速になります。

雨上がりの水溜まりにガソリンなどの油が浮いていると、虹のようなきれいな色が見えることがあります。これは光が波の性質を持っているので起こることなのです。空に見える虹も、光が波の性質を持っているから起こることです。

光が粒子の性質を持つことを示すには、ちょっとした工夫が必要です。**図6-3**のように真空中に金属板を置き、それに光を当てます。当てる光のエネルギーを次第に大きくしていくと、あるエネルギー以上で金属板から電子が飛び出すようになります。これを「光電効果」と言います。**図6-4**に、当てる光のエネルギーと飛び出してくる電子のエ

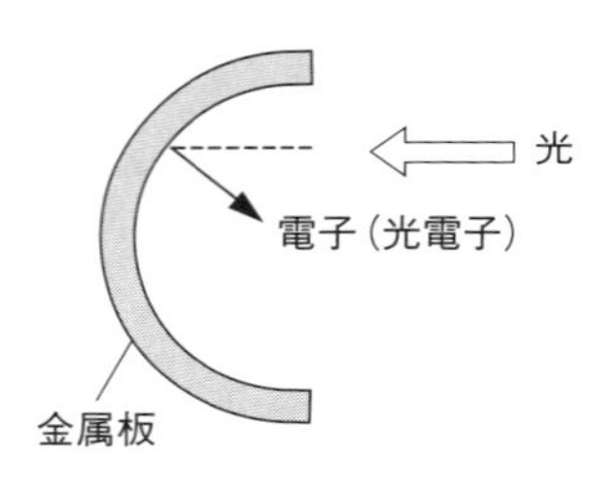

図6-3　光電効果

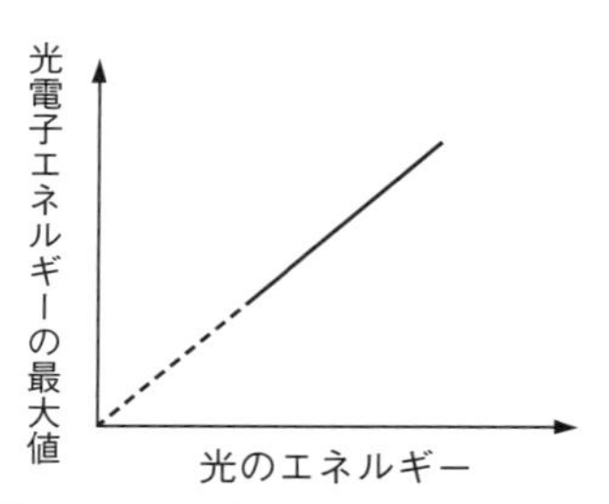

図6-4　光のエネルギーと光電子のエネルギーの関係
点線のところでは光電子は出ない

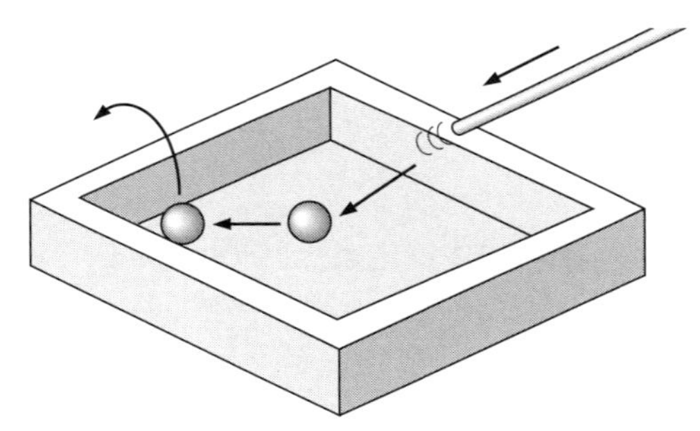

図6-5　球を強く突くとビリヤードのテーブルから飛び出る

ネルギーの関係を示します。光のエネルギーをある程度以上大きくしないと電子は飛び出してこないことに注意してください。

この現象は、光を粒子と考えることで説明できます。光はエネルギーの粒で、その粒が金属板に当たります。金属板中の電子はこの光の粒とぶつかりますが、光の粒のエネルギーが小さければ、金属板から電子が飛び出すことはありません。しかしあるエネルギー以上にしてやると、電子は飛び出します。**図6-5**に示すように、ビリヤードで勢いよく球を弾くと、ぶつけられた球がテーブルの囲いを飛び越えて床に転がってしまうことがあります。静かに球を突いている限り、絶対にそういうことはありません。光電効果は光が波であると考えると、絶対に説明できません。

以上のように、光は常に波としての性質と粒子としての性質をあわせ持っています。

光をエネルギーの粒子とみなして、「光子」あるいは

「光量子」という言葉も使われます。波としての波長がλである光子が持つエネルギーEは

$$E = hc/\lambda$$

になります。hはプランク定数という基礎定数です。基礎定数とは、宇宙のどこに行ってもその値が変わらないものです。

そこでもう一度式を見てみると、光のエネルギーと光の波の波長の間には密接な関係のあることがわかります。波長が長いほどエネルギーは小さく、短いほどエネルギーは大きくなります。ですから、可視光線より波長の短い紫外線は、可視光線より高いエネルギーを持っています。紫外線は可視光線より勢いよく突かれたビリヤードの球ということになります。逆に波長の長い赤外線は、低いエネルギーを持っています。

光が波と粒子の２重の性質をあわせ持つことは、量子力学の基礎になっています。この考え方を前提として、分子軌道法も成り立っているのです。粒子と波という、あたかも相矛盾したことを受け入れることで、はじめて量子力学は始まるのです。

なんとなく無理強いをされているような印象を受けますが、それは私たちが住んでいる世界での現象に、私たちがあまりにも慣れてしまっているからです。原子や電子そして光の粒１つ１つを数えるような極微の世界には、別の法則が成り立つのです。量子力学や相対性理論がプロの科学者ばかりでなく多くの人々を魅了し続けているのは、その

理論体系の華麗さだけではなく、それらの理論が垣間見せてくれる非日常的な世界の魅力によるような気が私にはします。少なくとも、私はそのようにして一時期量子力学の虜になりました。今様に言えば、「量子力学にはまった」のでしょう。すでに例を示しましたが、光の2重性は多くの実験結果によって確かめられているので、これは仮説ではなく紛れもない事実です。

電子の励起が色を作る

さて図6-1のように、水素分子中の電子の取り得る状態はψ_+とψ_-です。ψ_+は安定な基底状態ですが、ψ_-はエネルギーの高い状態なので、普通はここには電子は入りません。ところがψ_+とψ_-のエネルギー差（ΔE）に相当するエネルギーを持った光をここに照射すると、ψ_+にあった電子は活動的になり、ψ_-に移ることが可能になります。先ほどのビリヤードの球のたとえでいけば、勢いよく球を突けば（エネルギーを与えれば）、囲いを飛び越えられます。

ΔEより小さいエネルギーを与えても、絶対にψ_-には移れません。ビリヤードの球はテーブルの中で動き回るだけです。ψ_+とψ_-のエネルギー差が、はっきりと決まっているからです。つまり、量子化されているからです。

充分にエネルギーを与えると、結合性分子軌道から反結合性分子軌道に電子は移ります。このことを「励起」と呼びます。ですから、反結合性分子軌道は励起状態とも呼ばれます。この過程を言い換えると、「基底状態の電子は、

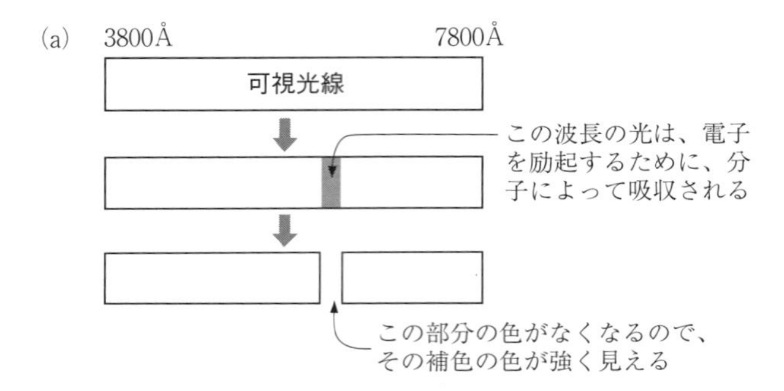

(b) 吸収される波長(色)と見える波長(色)との関係

吸収される色	吸収される波長(Å)	見える色
紫	3800－4350	黄緑
青	4350－4800	黄
緑青	4800－4900	橙
青緑	4900－5000	赤
緑	5000－5600	赤紫
黄緑	5600－5800	紫
黄	5800－5950	青
橙	5950－6050	緑青
赤	6050－7500	青緑
赤紫	7500－7800	緑

図6-6　可視光線の吸収と色

光のエネルギーにより励起され、励起状態に移る」となります。

このことを、光の側から見てみましょう。いま波長に幅のある光が問題の分子に当たったとすると、光がこの分子に働いてその中の電子を励起します。このことは、「電子の励起に必要なエネルギーΔEに相当する波長を持った光が、その分子によって吸収される」ことを意味します。そして、吸収されずに残った光が私たちの目に入ります。つまり、吸収された光の補色に相当する光の成分を目が感じ、その色が見えるのです。これらのことを**図6-6**にまとめてみました。

水素分子の場合には、励起に要する光のエネルギーが可視光線の領域にはないので、励起によって色が見えるわけではありません。一方、いわゆる色素分子は可視光線の領域の光を吸収するので、色が見えます。色素分子は、一般に複雑な分子構造をしているので、複数の分子軌道を持ちます。そのため、特定の分子軌道にある電子が特定の波長の可視光線によって励起され、色素分子に固有の色を示すのです。

6・3 エチレン分子の色

フロンティア軌道

エチレン分子の分子軌道は、第３章で求めました。図3-10の分子軌道とそのエネルギーを、**図6-7**にもう一度示します。普通はこの図のように、12個の価電子は低いエネルギーの軌道から順にきちんと対になって、分子軌道を占めています。

復習になりますが、６番目と７番目の軌道エネルギーに大きな差があります。６番目の軌道は電子が占めている軌道のうち、最もエネルギーの高いもので、これを最高被占

分子軌道	エネルギー(eV)	電子の配置
12	5.744	——
11	5.488	——
10	4.218	——
9	3.882	——
8	3.629	——
7	1.228	—— ------ LUMO
6	−10.642	↑↓ ------ HOMO
5	−11.943	↑↓
4	−15.232	↑↓
3	−16.142	↑↓
2	−20.992	↑↓
1	−32.949	↑↓

図6-7　エチレン分子の分子軌道

分子軌道HOMOと呼びました。これに対して、７番目の軌道は電子に占められていない軌道の中で一番エネルギーの低い軌道です。つまりHOMOにエネルギー的に最も近い反結合性分子軌道と言えます。電子に占められていない最もエネルギーが低い軌道ということで、この軌道を最低非占分子軌道LUMOと呼びました。

HOMOに入っている電子はエネルギーが高いので容易に励起され、よりエネルギーの高い空軌道に入ることが可能です。逆にLUMOは最もエネルギーの低い空軌道ですので、下の被占軌道から電子が励起されて上がってくるときには、最も電子が入りやすい軌道になります。つまり電子の側から見ると、HOMOにある電子は機会があれば、より高いエネルギーの軌道に移ろうとしており、LUMOは逆に機会があれば電子を受け入れようとして大きな口を開いている、ということになります。したがって、問題としている分子のHOMOとLUMOは、その分子の化学反応性を考えるうえで非常に重要になるわけです。

HOMOとLUMOは合わせてフロンティア軌道と呼ばれています。フロンティア軌道にある電子を「フロンティア電子」と呼びます。フロンティアとは、開拓地と未開拓地の境界領域を意味します。フロンティア軌道そしてフロンティア電子の性質については、福井謙一先生がその重要性を世界で初めて指摘されました。これにより、福井先生は日本人として初めてのノーベル化学賞を、量子化学の分野で受賞されました。

エチレンの色を計算してみよう

それではエチレンに光を当てると、どうなるでしょうか。

エチレンについて見る前に、４つの原子軌道からなり、４個の電子を分子軌道に持つ場合の、電子の励起され方について考えてみましょう。原子軌道が４つあるので、分子軌道は４つ作れます。**図6-8(a)**のように、すべての電子がエネルギーの低い軌道から順に入った状態が基底状態です。当たり前ですが、基底状態はこれしかあり得ません。

ところが、基底状態の電子が１個だけ光によって刺激されて、励起する場合を考えると、**図6-8(b)、(c)、(d)、(e)**のような状態の可能性があります。本来は最大４個の

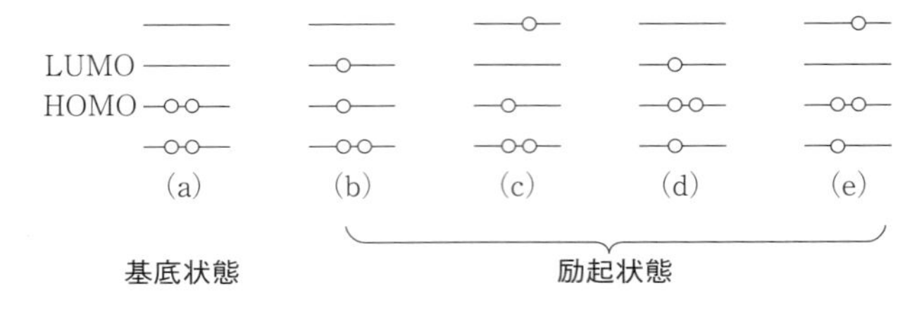

図6-8　基底状態と種々の1電子励起状態

電子が励起される可能性があるので、厳密に計算する場合には、それらの状態も考える必要がありますが、ここでの話では1電子だけの励起を考慮すれば充分です。

しかし少なくとも図6-8(b)から(e)までの電子の配置はすべて考える必要があります。つまりこの場合では、基底状態で電子が詰まっている2つの分子軌道から、2つの空軌道へ1電子が励起するしかたをすべて考えることを意味します。このような複数の電子配置を考慮することを「配置間相互作用を考える」と言います。つまり、図6-8で言えば、(b)から(e)までの励起状態をすべて考慮して、基底状態からの電子の励起を考えるということです。

このような計算を行う目的で作られた半経験的分子軌道計算法がCNDO/Sです。CNDO/Sを使うと、励起状態の計算を行い、その分子によってどのような波長の光が吸収されるかを計算することができます。近似法が粗いので、正確性には欠けますが、私たちが半定量的に色の問題を考えるには充分ですし、何よりも計算時間が短くてすみます。

	CNDO/Sで求めた吸収波長(Å)	実験で求めた最大吸収波長(Å)
エチレン	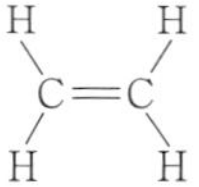 1903	1620（気体）
ブタジエン	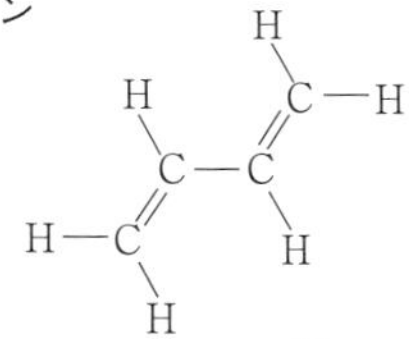 2162	2165（気体）
1,3,5-ヘキサトリエン	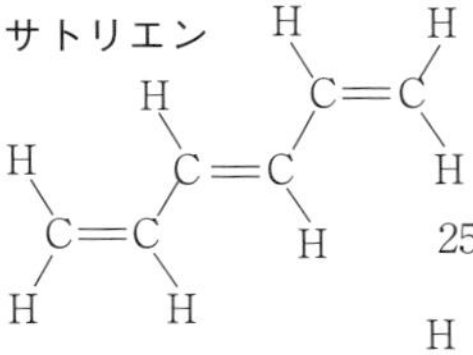 2545	2660（n-ヘキサン中）
1,3,5,7-オクタテトラエン	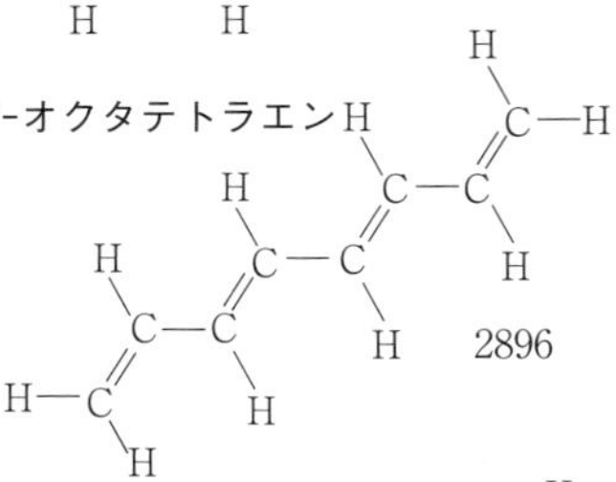 2896	3040（n-ヘキサン中）
1,3,5,7,9-デカペンタエン	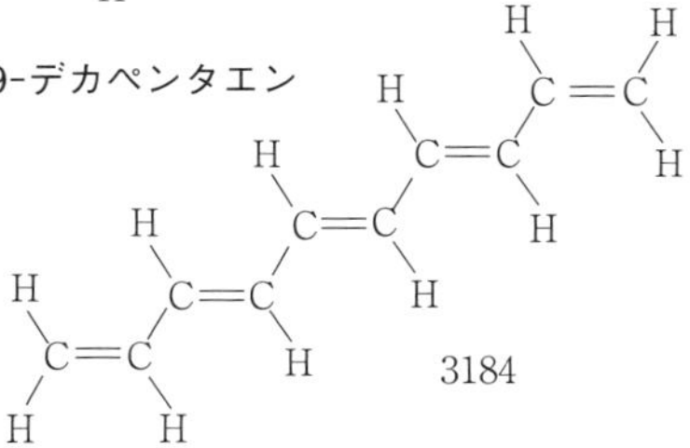 3184	3340（イソオクタン中）

図6-9　分子軌道法で計算した吸収波長と実測した吸収波長

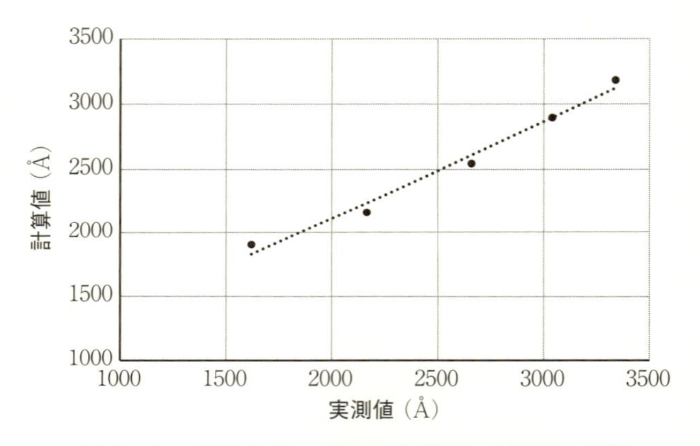

図6-10　CNDO/Sで求めた計算値と実測値の相関

CNDO/S計算を行うと、エチレン分子は約1903 Å（190.3 nm）の光を強く吸収すると求められます。この光の吸収は、HOMOにある電子が１つLUMOに移るときに起こる励起によります。この光は紫外線の領域になります。実際に実験すると、1620 Åの紫外線を最も強く吸収することがわかり、計算値とは17%ほど異なります。しかし、比較的近似の粗い方法から得られたことを考えれば、上々の予想値と考えられます。

ここでついでに、２重結合の数を増やした分子についても計算してみます。計算結果を**図6-9**に示します。**図6-10**に実測値と計算値の相関を示します。実測値との対応はおおむねよいことがわかります。計算からこれらの分子がどのような波長の紫外線を吸収するかが、かなりの確かさで予測できることに注目してください。

分子の色を予測する

もう１つこの計算結果で興味深い点は共役系が長くなるにつれて、吸収する光の波長が長くなることです。すでに第５章で述べたように、単結合と２重結合が交互にある共役系では、単結合のところにも電子が染み出して、共役系全体にある程度電子が自由に動けるようになります。導電性分子の場合には、さらに自由に動ける電子を追加して電子の流れをよくしたのでした。

電子が自由に動ける空間が増えるほど、HOMOとLUMOのエネルギー差は小さくなるので、励起に要するエネルギーは少なくなり、したがって波長の長い光を吸収するようになります。この波長が可視光線の領域に入れば、その分子には色が付くというわけです。

図6-9の分子中にある２重結合の数と吸収波長との関係をグラフにしたのが**図6-11**です。ここではあえて計算値で目盛ってみました。このグラフの傾向から可視光線の領域3800 Åに達するには、$n=8$つまり２重結合が８個交互に並び、全体で16個の炭素原子からなる共役系が必要になりそうです。本当にそうなるかどうかを、先ほどと同じ条件で計算してみましょう。

$n=8$の場合、最も強い光の吸収は3805 Åと計算されます。この場合もHOMOからLUMOへの励起です。実際に測定してみますと、4100 Åですので、計算で求められる波長は少し短めですが、$n=8$になると紫色を強く吸収し、その結果この分子が黄緑に見えることが予測されます。実

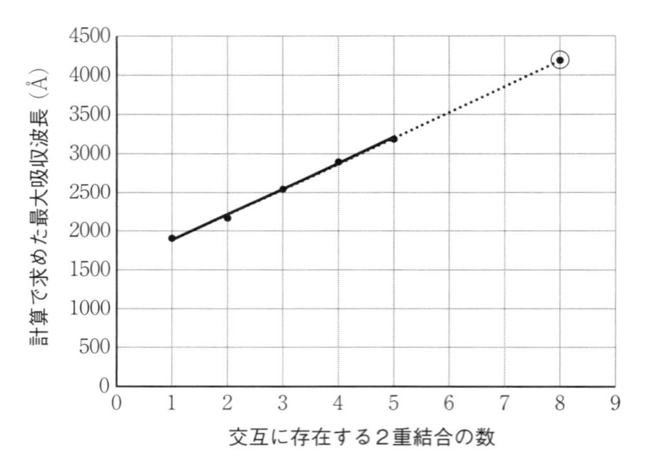

図6-11　共役系の長さと吸収波長の関係

際に観測される色を、分子軌道法はおおよそ予測できたことになります。つまり、分子構造が与えられれば、分子軌道法はその分子の色を予測することができるのです。

この節では単結合と２重結合が直鎖状につながった場合を見ましたが、環状になってもまったく同様です。共役系が長くなると、吸収光は長波長側にずれます。**図6-12**に示すように、環の数が増加するにしたがって確実に長波長側にずれています。ピレンとナフタセンでは同じ環の数ですが、環のつながり方で吸収される光の波長は変わります。このように、分子の形もその分子の多様な色を作るうえで寄与します。

	計算値(Å)	実測値(Å)
ベンゼン 	1820	1840
ナフタレン 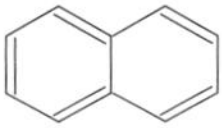	2188	2210
アントラセン 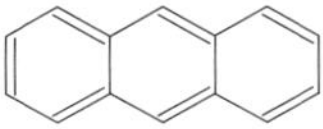	2456	2560
ナフタセン 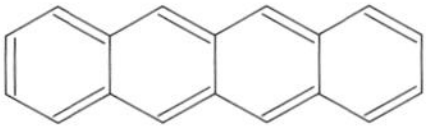	2698	2800
ペンタセン 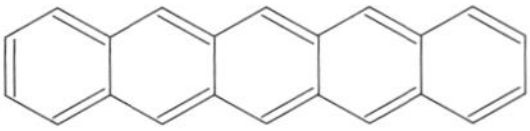	2901	3100
ピレン 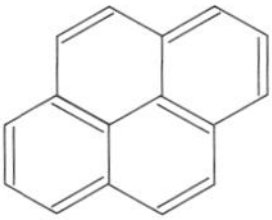	2322	2400

図6-12　分子軌道法で計算した芳香環化合物の吸収波長と実測値

6・4 酸性と塩基性で色が変わる

フェノールフタレインの色の変化を計算する

同じ分子が酸性や塩基性の違いで異なる色に発色する現象は、化学の世界では古くから利用されてきました。みなさんは小学校の理科の時間に、リトマス試験紙を見たことがあるでしょう。リトマス試験紙を用いると、酸性度または塩基性度を手軽にチェックできます。酸性では赤くなり、塩基性では青くなります。

リトマス試験紙に塗られている色素は、地中海気候の地域に生えているリトマスゴケに含まれている物質で、これを発酵させたものです。日本のイワタケなどにも、同じような色素が含まれています。中学校や高等学校のときに実際に化学実験を体験した人なら、たぶんフェノールフタレインとかメチルオレンジとかいう名前も聞いたことがあるでしょう。酸に塩基を加えて中和（中和滴定）するときに、中和しているかどうかを目で確かめるために用いられる色素を指示薬と言います。フェノールフタレインやメチルオレンジは指示薬として使われます。研究の現場では、この目的にはもっぱらpHメータ（水素イオン濃度pHを電気的に測定する器械）が現在用いられています。したがって、今では指示薬は文字通り化学実験に色を添える教材の１つになってしまっています。

フェノールフタレインは、**図6-13**のような化学構造を持つ色素です。酸性から中性付近では無色で、塩基性になると赤くなります。かなり強く鮮やかに発色するので、中和滴定をするときには非常に便利な色素です。これに対して、**図6-14**に示すような化学構造のメチルオレンジは酸性側で赤い色を示し、中性に近づくと黄色に変色します。塩酸と水酸化カリウムのような強酸と強塩基の中和滴定にはフェノールフタレインが、硫酸とアンモニアのような強酸

中性、酸性(無色)(a)　　　塩基性(赤)(b)

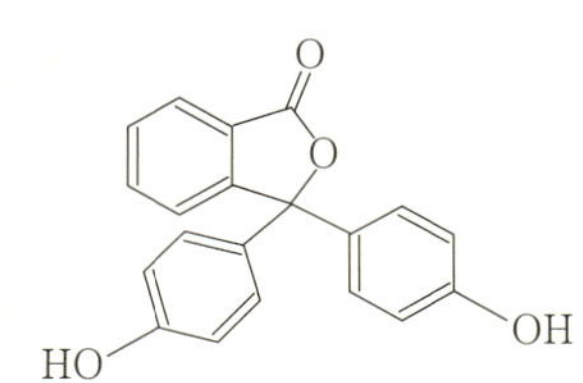

図6-13　フェノールフタレインの化学構造

と弱塩基の中和滴定にはメチルオレンジが適しています。

さてフェノールフタレインは中性・酸性で図6-13(a)、塩基性で図6-13(b)の化学構造を取ることが知られています。そこで分子軌道法を用いて、両化学構造が吸収する光の波長を求めてみましょう。

図6-13(a)の構造では、可視光線の領域にはまったく吸収が計算されません。しかし塩基性条件における化学構造(図6-13(b))は4343 Åの光（HOMOからLUMOへの励起）を非常に強く吸収することがCNDO/S計算で示されます。4343 Åの可視光線が吸収されると、黄色に見えます。本来は4900～5000 Åの光が吸収され赤い色が見えるのですが、このような値が得られたのは、CNDO/Sが必ずしも正確でないことを示しています。しかし、塩基性と酸性の条件で、分子の色がどのように変わるかを知ることができます。

メチルオレンジについても同じ計算をすると、酸性での

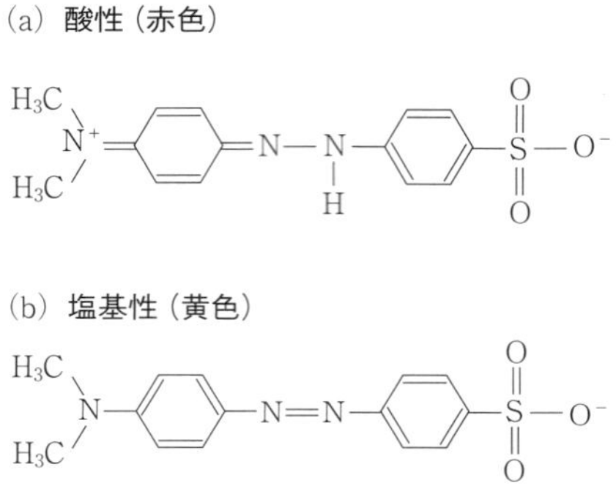

（a）酸性（赤色）

H_3C, N^+, H_3C, N, N, H, O, S, O^-, O

（b）塩基性（黄色）

H_3C, N, H_3C, N=N, O, S, O^-, O

図6-14　メチルオレンジの化学構造

分子（図6-14(a)）が吸収する光の波長は5287 Åと計算され、まさにこの波長が吸収されると赤く見えます。また塩基性での化学構造（図6-14(b)）が吸収する光の波長は3162 Åと求められます。この波長は黄色を発色するには短すぎますが、少なくとも黄色い方向の色になることは説明できます。

以上のように分子軌道法を用いると、色素が酸性や塩基性の状態に置かれたときにどのように発色するかもある程度は予測できるのです。ここで用いたCNDO/Sという方法はあまり正確な方法ではありませんが、もっと正確な方法を使えば予測の正確性が増すことは言うまでもありません。

6・5 目が光を感じる仕組み

シスとトランスでものが見える!?

目の中で光を感じる部分は網膜の視細胞で、そこには光を感じる物質、つまり視物質というものがあります。ロドプシン（視紅）という分子は、そうした視物質の1つです。その名の通り赤い色の分子です。

ロドプシンは**図6-15**に示すように、レチナールという分子のアルデヒド基（-CHO）がオプシンというタンパク質のアミノ酸と結合してできたものです。オプシンは247個のアミノ酸からできており、その216番目のアミノ酸であるリシン残基とレチナールは結合しています。このとき、レチナール分子は必ず11位のところでシスになっています。すでに述べたように、幾何異性体のシス体はトランス体に比較して不安定です。

シス-レチナールがオプシンに結合している状態は、ちょうどバネを縮めた状態です。ここに光が入ってきて、シス-レチナールに光が吸収されると、縮んだバネは一挙に跳ねて、レチナールは安定なトランス-レチナールになります。トランス-レチナールはその構造上、オプシンと結合していることができず、オプシンとの結合は切れてしまいます。そして、結合の切断が信号になって脳に伝えられ、私たちの視覚が生じます。

しかし、視細胞内の酵素がすぐさまトランス-レチナールをシス-レチナールに変換するので、オプシンとの結合

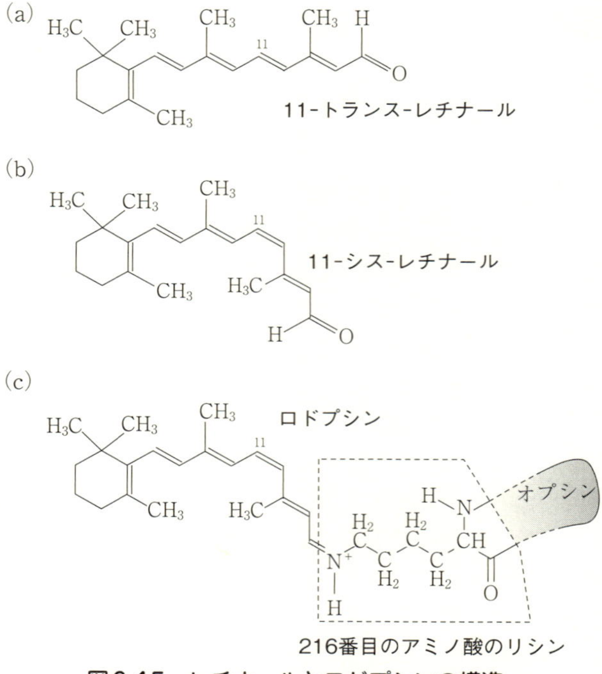

(a)

H_3C CH_3 CH_3 CH_3 H 11 O CH_3

11-トランス-レチナール

(b)

H_3C CH_3 CH_3 11 CH_3 H_3C H O

11-シス-レチナール

(c)

H_3C CH_3 CH_3 11 CH_3 H_3C

ロドプシン

H N オプシン

H_2 H_2 N^+ C C C C CH H_2 H_2 O H

216番目のアミノ酸のリシン

図6-15　レチナールとロドプシンの構造

は復活し、次の光を入れることが可能になります。この様子を模式的に示したのが、**図6-16**です。

私たちが光を感じるということは、レチナールがシスからトランスに変わるという分子の形の変化によっているのです。シスとトランスについては第４章で述べましたが、化学の面倒な言葉の１つくらいにしか思わなかった人も多

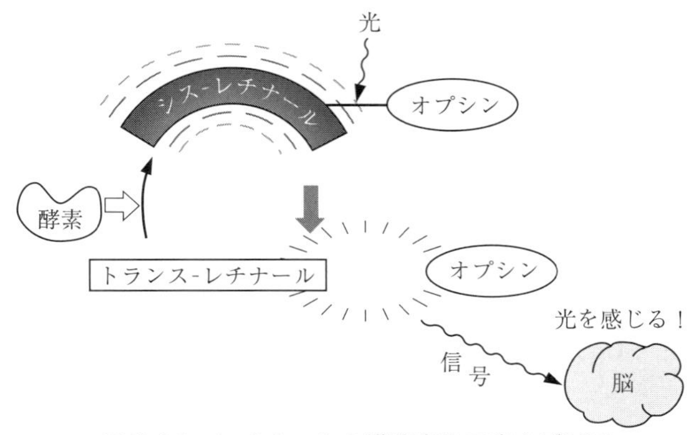

図6-16　レチナールの構造変化で光を感じる

いと思います。しかし、私たちが物を見る場合、私たちの網膜の上で分子がシスとトランスの変換をパタパタと目まぐるしく行っていると考えると、シスとトランスという言葉が身近に感じられるのではないでしょうか。

ここでは、この現象をいくつかの側面から分子軌道法を用いて考えてみましょう。シス－レチナールはトランス－レチナールより不安定であると言いましたし、第4章でもシス体はトランス体より不安定であることを述べました。まずレチナールに関して、それが本当に言えるかどうかを確かめてみましょう。疑うのは科学の基本です。

分子の安定性を比較するには、その生成熱を調べればよいことはすでに述べました。分子軌道法で求められたトランス－レチナールの生成熱は－13.77 kcal/molで、シス－レチナールのそれは－12.83 kcal/molです。トランス体はシス体より安定であることが、この数字からもわかります。この計算ではシス体の分子構造を最適化しましたので、シス体が単独で存在する場合の最もリラックスした構造についてのエネルギーを求めています。

視細胞中では、シス体はオプシン分子と結合しているので、その構造はかなり束縛されていることが予想されます。したがって、実際にはシス体の取る構造はここで計算した構造よりずっと歪んでいて、その生成熱もずっと高くなっていることが予想されます。ですから、この計算の結果から言えることは、シス体はトランス体より少なくとも1 kcal/molほど不安定であるということです。つまり、「シス体はトランス体より不安定であるか」という私たちの疑問に答えるにはこの計算で充分です。

「見える」を計算してみると

私たちが感じる光は可視光線ですから、シス－レチナールは可視光線を吸収しなければなりません。シス－レチナールがどのような波長の光を吸収するかを分子軌道法（CNDO/S）で求めてみます。

その結果、吸収される波長は最大でも3200 Å付近で、その吸収の強さも弱く、おもに吸収される光は紫外線であると予測されます。もしこれが正しいとすると、光が網膜に当たっても可視光線はまったく感じられないことになります。

実はシス－レチナールがオプシンのリシン残基と結合していることに秘密があるのです。オプシンはタンパク質

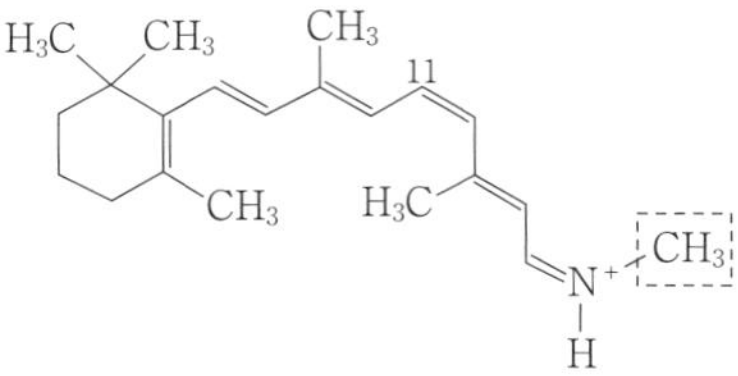

図6-17　ロドプシンのモデル分子

で、その216番目のアミノ酸であるリシンとシス－レチナールは結合しているとすでに述べました。

オプシンまで結合した分子全体を分子軌道法で計算することは、とても大変ですので、図6-15(c)の構造を簡略化した**図6-17**のような分子を考えます。この分子は実際の分子とは異なりますが、実際の分子の働きに必要な主要な構造を具えているので、この分子で計算した分子の性質から実際の分子の性質を推定することが可能です。このような仮想的な分子を、モデル分子と言います。複雑な系の簡略化したモデル系を作り、それについて考察することは科学の常套手段です。図6-17の分子では、リシン以下のオプシン部分をメチル基で大胆に近似しています。

少し前置きが長くなりましたが、私たちの視細胞中のロドプシン分子を図6-17の分子にモデル化して、それについて分子軌道法の計算を行ってみます。その結果、吸収される光の最大波長は5225 Åと求められました。ロドプシンは視紅と呼ばれるように赤い色をしています。シス－レチナールに比較して、このモデル分子の最大吸収波長は大きく長波長側に移り、赤い色を示すようになることが、計算でも示されました。

ここで注目していただきたいことは、シス－レチナールではまったく可視光線の領域には吸収がなかったのに、実に単純なモデルでも、ロドプシン様のモデル分子では可視光線を強く吸収することが、分子軌道法できちんと予測できるということです。

生物は光を多く利用しています。光を利用したそのような活動の仕組みをきちんと理解するためには、最終的には量子化学に基づいた方法を用いなければなりません。しかし生物中のシステムの多くは巨大な分子からなっており、それらの系について正確な計算を行うことはまだ難しいのが現状です。読者の中の若い人々が近い将来この問題にぜひ取り組んで、生命現象についての理解をさらに深めていただきたいと思います。

ゲノムの解明が進んでいますが、次に私たちがしなければならないことは、ゲノムにある情報で発現されるタンパク質がどのように働くかをきちんと理解することです。分厚い生化学の教科書を見ると、そうした現象はほとんど解明されてしまったような印象を持ちがちですが、分子レベルでのきちんとした理解という観点からは、「ほとんどわかっていないことの方が多い」と言ってよいくらいです。分子軌道法は、そのような現象を解明していくうえで非常に有力な手段の１つです。

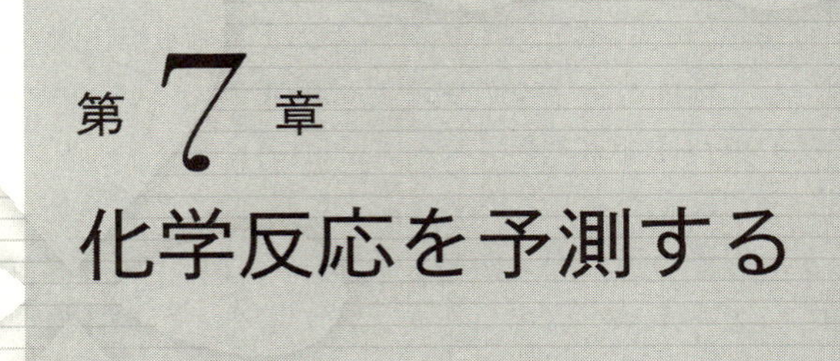

第7章 化学反応を予測する

これまでの章で述べてきたように、分子軌道法を使えば、分子の性質や構造そして光の吸収の具合などを知ることができます。化学の面白さとその応用の広さは、何と言っても化学反応で新しい物質が作れることにあると思います。化学物質と言うと何となく陰気な印象を持つ人が多いのですが、私たちの体内で起こっていること、つまり私たちの生命活動は化学反応そのものであり、それらの反応を司っているのも化学物質です。私たち生物は極めて長い時間をかけて、私たちの生命活動に重要な化学反応を飼い慣らし、体内でも安全確実そして能率的に、目的とする化学反応を行う術を獲得してきたとも言えます。

今では私たちは、体内で起こっている化学反応よりはるかに複雑な反応をも実験装置の中で行えるようになってきていますが、一方で自らの体内で起こっている化学反応をきちんと制御することは、まだ完全にはできていません。体内で起こっている化学反応を制御するとは、とりも直さず私たちを健康に保ち、病気を直すということです。

ヒトのゲノムの内容がどんどん解明されていますが、それを実際に活用する場合にも、遺伝子が引き起こす化学反応の内容を詳しく知り、必要に応じて制御することをしなければなりません。したがって、化学反応を理解することは、単に化学の分野のことだけではなく、生物学や医学、さらには地球環境を考えるうえで非常に重要なことなのです。

この章では、ダイナミックに起こる化学反応が分子軌道法によってどのように理解できるのか、また分子軌道法を活用すれば化学反応をどのように予測できるのかを見てみたいと思います。

7.1 アルケンの化学反応を予測する

構造異性体

図7-1(a)に示すように、エチレンと臭化水素を反応させると臭化エチルが得られます。図中のH^+は、この反応を酸性条件下で行うことを示します。この反応はたいていの高等学校の教科書に載っています。反応の結果、臭素原子が１つ付加して、臭化エチルが得られます。

それでは図7-1(b)のプロピレンに臭化水素を反応させたら、どうなるでしょうか。２重結合のところが反応性が高いので１番と２番の炭素原子のどちらかに臭素原子が付加するのはわかりますが、どちらに付くのでしょうか。その付き方によって、２つの別な化合物ができてしまいます。

２番の炭素原子にBrが結合すると、(I)のように2－ブロモプロパンになり、１番の炭素原子にBrが結合すると、(II)のように1－ブロモプロパンになります。もちろん(I)と(II)の分子量はまったく同じですが、融点と沸点は(I)でそれぞれ－90 ℃と59.4 ℃であるのに対して、(II)では－109.9 ℃と71 ℃であり、両者は大きく異なります。また20 ℃の水100 gに対する溶解度は(I)では0.32 gですが(II)では0.25 gです。

(a) $H_2C=CH_2 + HBr \xrightarrow{H^+} CH_3-CH_2Br$

エチレン　臭化水素　臭化エチル

(b) $\underset{3}{C}H_3-\underset{2}{C}H=\underset{1}{C}H_2 + HBr$

プロピレン

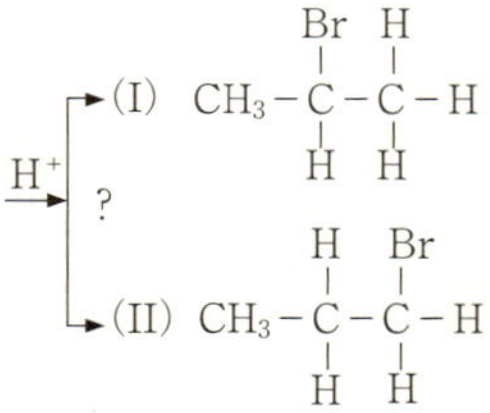

$$\xrightarrow{H^+} ? \begin{cases} \text{(I)}\ CH_3-\overset{Br}{\underset{H}{C}}-\overset{H}{\underset{H}{C}}-H & \text{2-ブロモプロパン（臭化イソプロピル）} \\ \text{(II)}\ CH_3-\overset{H}{\underset{H}{C}}-\overset{Br}{\underset{H}{C}}-H & \text{1-ブロモプロパン（臭化プロピル）} \end{cases}$$

(c) 構造異性体の例

$$H-\overset{H}{\underset{H}{C}}-\overset{H}{\underset{H}{C}}-\overset{H}{\underset{H}{C}}-OH \qquad H-\overset{H}{\underset{H}{C}}-\overset{H}{\underset{OH}{C}}-\overset{H}{\underset{H}{C}}-H$$

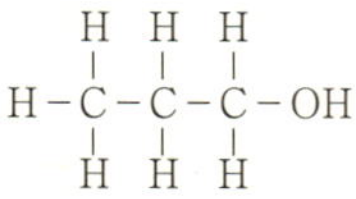

	1-プロパノール（プロピルアルコール）	2-プロパノール（イソプロピルアルコール）
沸点（℃）	97.15	82.4
比重	0.808	0.781

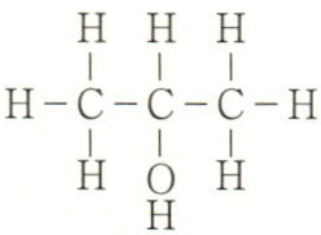

図7-1　アルケンへの臭化水素の付加と構造異性体

このように(I)と(II)はまったく異なる分子として挙動します。1－ブロモプロパンと2－ブロモプロパンのように、構成する原子の種類と数がまったく同じでも、その結合のしかたが異なる分子を「構造異性体」と呼びます。構造異性体は異なる分子と考えなくてはなりません。

図7-1(c)にもう１つ、構造異性体の例を示します。C、H、Oの数はまったく同じですが、原子同士のつながりが異なります。図に示したように、２つの分子の示す性質も大きく異なり、両者はまさに似て非なるものです。

どちらの構造異性体ができるか予想する

話を戻しますが、プロピレンに臭化水素を反応させて、(I)が得られるか、(II)が得られるかは大きな問題です。逆に言うと、(I)が欲しいか、(II)が欲しいかで、この反応を行う価値があるかどうかが決まるのです。それでは(I)ができるか(II)ができるか、実験を行う前に分子軌道法で予測してみましょう。

高等学校の化学の教科書では図7-1(a)に示すように、臭素原子と水素原子がエチレンの２つの炭素原子に一挙に付加するように書かれていますが、実は**図7-2**に示すように、この化学反応は進みます。エチレンのπ電子に引かれて、まずH^+が結合します。電子の流れから考えると、π電子がH^+を攻撃すると見ることができますので、図ではそのことを矢印で示します。反応を進めるためには、この段階が必須です。そこでこのH^+をたくさん作る必要があり、そのためには酸性状態にしなければなりません。

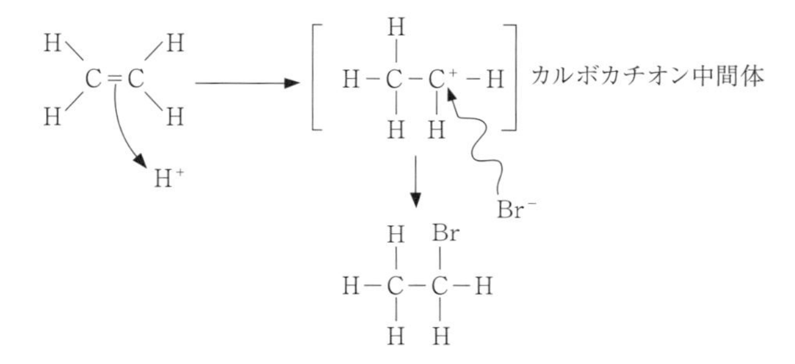

図7-2　エチレン分子に臭化水素が付加するメカニズム

エチレンにH^+が結合した中間の状態は、炭素原子がプラスの電荷を帯びているので、カルボカチオン中間体と呼びます。カチオンとは陽イオンを表す英語です（陰イオンはアニオン）。カルボカチオン中間体は安定でなく、すぐさま臭化物イオン（Br^-）がプラスの電荷を帯びた炭素原子を攻撃して、最終産物である臭化エチルができあがります。

このように有機化学反応では出発化合物をある程度不安定な、つまり、化学反応性の高い状態にすることが非常に大事です。表現は少し悪いですが、おとなし過ぎる人を動かすには、何らかの刺激を与えてけしかける必要があることと理屈はまったく同じです。

それでは、プロピレンの場合について、分子軌道法を用いて考えてみましょう。**図7-3**に示すように、(I)のルートでは１番の炭素原子にまずH^+が付加しますが、(II)のルートでは２番の炭素原子にH^+が付加します。そして(a)と

```
         H  H  H                    ┌     H  H    H     ┐
         |  |  |          H+        │     |  |    |     │
(I)  H - C - C = C - H  ────→      │ H - C - C+ - C - H │
         |  2   1                   │     |       |     │
         H                          └     H       H     ┘
                                    (a) 197.3kcal/mol
                                          H  H  H
                                 Br-      |  |  |
                               ────→  H - C - C - C - H
                                          |  |  |
                                          H  Br H

         H  H  H                    ┌     H  H  H       ┐
         |  |  |          H+        │     |  |  |       │
(II) H - C - C = C - H  ────→      │ H - C - C - C+ - H │
         |  2   1                   │     |  |          │
         H                          └     H  H          ┘
                                    (b) 214.4kcal/mol
                                          H  H  H
                                 Br-      |  |  |
                               ────→  H - C - C - C - H
                                          |  |  |
                                          H  H  Br
```

図7-3　プロピレンへの臭化水素付加

(b)のカルボカチオン中間体を経て、最終的に図7-1(b)の(I)と(II)が作られます。ここで、中間体の図7-3(a)と(b)の安定性を考えてみましょう。何度も言いますが、このような問題を考えるうえで、分子軌道法はまさにうってつけの方法です。むしろ分子軌道法以外では、まったく解決できない問題と言えます。

前口上はこのくらいにして、カルボカチオン中間体の生成熱を計算してみます。(a)は197.3 kcal/mol、(b)は214.4 kcal/molと求められました。つまり(a)の方が(b)より断然有利ということを、この計算結果は示しています。この計算の結果にしたがえば、反応の生産物は(I)の反応で得られる分子になるはずです。

実験に先立ち、多分こういう結果が出るだろうと予測することは実に楽しいものです。またその通りになったときはさらに格別です。はたして、実験結果はどうでしょうか。

実験結果は圧倒的に(I)の反応生成物が多く生成することを示しており、分子軌道法で予測したことが正しかったことを証明しました。また逆にこの結果は、計算の前提であった反応過程でのカルボカチオン中間体の生成を確認することにもなります。

分子軌道法などの理論的手法を用いる大きなメリットの1つはこのように反応のメカニズムを考え、それを証明できることです。化学を単なる暗記物と考えていた人は、証明問題があるなんて、「これも化学なのか」と驚くかもしれません。

7.2 フロンティア軌道を用いて反応の方向を予測する

反応の鍵を握るHOMOとLUMO

すでにフロンティア軌道の話はしましたが、ここでは反応の予測という観点からもう1度見直してみましょう。

フロンティア軌道にはHOMOとLUMOがありました。HOMOは電子が占有している軌道の中で、最もエネルギーの高い軌道でした。したがって、HOMOにある電子は別の分子の軌道などに移りやすい傾向を持っています。逆に、LUMOは空軌道（反結合性分子軌道）の中で、最もエネルギーの低い軌道であり、電子を容易に受け入れることのできる軌道です。つまり、HOMOとLUMOは化学反応を考えるうえでも非常に重要な分子軌道なのです。

これら２つのフロンティア軌道の状態によって、化学反応の方向が決まります。まず第１に、HOMOとLUMOのエネルギー差が小さい場合、これらの分子軌道を持つ分子同士の反応は起こりやすくなると考えてよいでしょう。第２に、HOMOやLUMOが大きく分布する場所は反応性が高くなります。第３に、HOMOが大きく分布する部分とLUMOが大きく分布する部分は反応しやすいと考えてよいでしょう。これらのルールは非常に単純ですが、化学反応が電子の移動によって起こることを考えると、まさに合理的であり、したがって化学反応を予測するうえでは極めて有用です。

論より証拠で、先ほど見たプロピレンへの臭化水素の付加の選択性を、フロンティア電子密度で考えてみましょう。先ほどは中間に存在するカルボカチオンの安定性を目安にして、反応する場所を考えましたが、ここではそのカルボカチオンのできやすさについて考えてみます。

図7-4のように、２重結合を構成するπ電子が水素イオンを攻撃することでカルボカチオンが生じます。電子は、２重結合部分（π電子）から水素イオンへ流れます。したがって、プロピレンのHOMOから水素イオンのLUMOへ電子がどの程度移りやすいかを考えればよいわけです。水

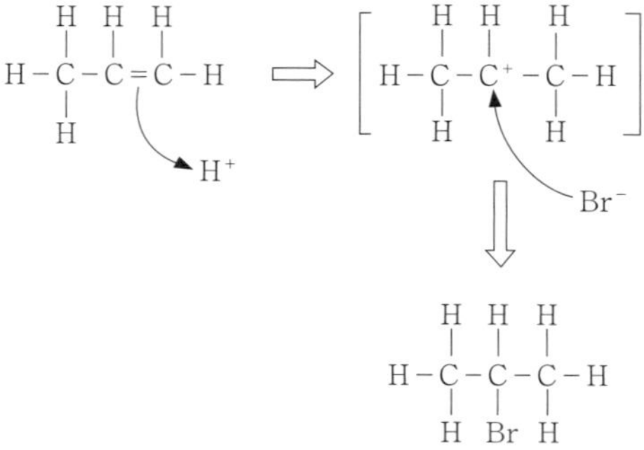

図7-4　プロピレンへの臭化水素付加における電子の流れ

素イオンのLUMOは*s*軌道で方向性はまったくありません。つまり、どの方向からの電子も受け入れられるということです。ということは、反応の方向を決めるのはプロピレンのHOMOということになります。

図7-5に、各原子上のHOMOの分布を示しました。この図から、末端のC^2原子上に、より多くHOMOが分布していることがわかります。数字で表したHOMOの係数はC^1とC^2でそれぞれ0.628および0.691になります。したがって、HOMOの係数の大きいC^2原子上のπ電子が水素イオンとより反応しやすく、図7-4のようなカルボカチオンを反応の中間に生じ、そして最終的にどのような化合物ができ上がるかが正確に予測できます。

プロピレンの２重結合のどちらの炭素原子に水素原子が結合するかは、有機化学の教科書では「マルコフニコフ則」というもので説明されており、学校での試験のために

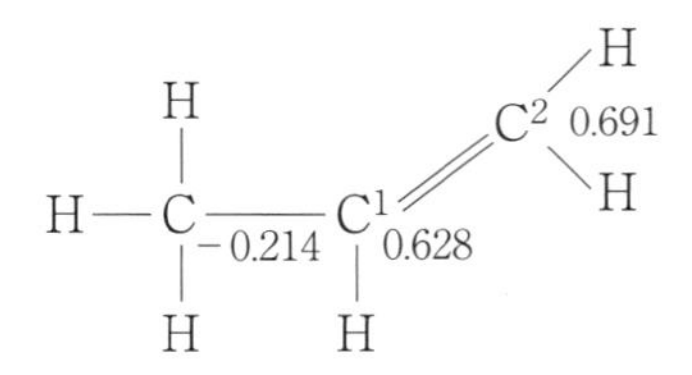

図7-5　プロピレンの炭素原子上のHOMOの分布

はこの規則を覚えなくてはいけません。しかし、実際的な問題について判断する場合には、分子軌道法を使えば、「どっちか」は簡単明瞭にわかりますので、予め知っておく必要もありません。

フロンティア軌道の重要性を示したナフタレン

次に、**図7-6**に示すナフタレン（ナフタリン）の反応を考えてみましょう。ナフタレンはベンゼン環が２つ結合したものです。あの真っ黒なコールタールにたくさん含まれていますが、それ自身は無色（集合して固体になると白色）です。その固体が昇華することを利用して、昔は防虫剤として使われました。古いタンスについた独特の臭いの１つはナフタレンです。ナフタレンにNO_2^+とNH_2^-を反応させたときにどのような反応が起こるでしょうか。前者のように自身がプラスの電荷を帯びて、他の分子のマイナス電荷と反応する試薬を求電子試薬と言います。これに対して、後者は求核試薬と言い、相手の分子のプラス電荷と反応します。

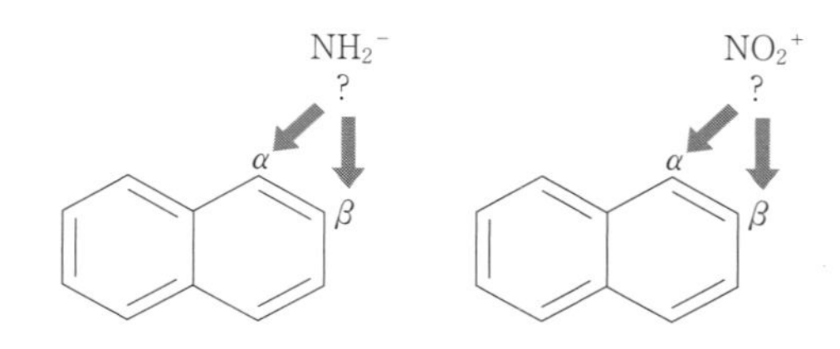

図7-6　ナフタレンの反応

ナフタレンのような芳香族化合物（ベンゼン環を複数持つ化合物）では、付加反応（プロピレンへの臭化水素付加のような）はまず起こりません。ほとんどの場合に起こるのが、ナフタレン環の水素原子が他の原子団と置き換わる置換反応です。この場合もその例にもれず、置換反応が起こります。ナフタレン環を見ると、分子は上下にも左右にも対称的ですから、置換を起こす独立な位置は、図7-6に示すようにα位とβ位だけです。ですから、各々の反応について2つの生成物の可能性が考えられます。その可能性について分子軌道法を使って調べようというのです。

まず、分子軌道法で求められるα位とβ位の炭素原子上の電荷を見てみます。すると、各々-0.088および-0.101と求められます。両者はほとんど等価です。かなりひいき目にみて、β位の方が少しマイナスだとします。すると、単純に考えてしまうと、NO_2^+はβ位に置換することとなり、α位に選択的に置換するという実験結果にまったく合いません。単に炭素原子上の電荷によって、この反応は決められていないことがわかります。それでは、一体この反

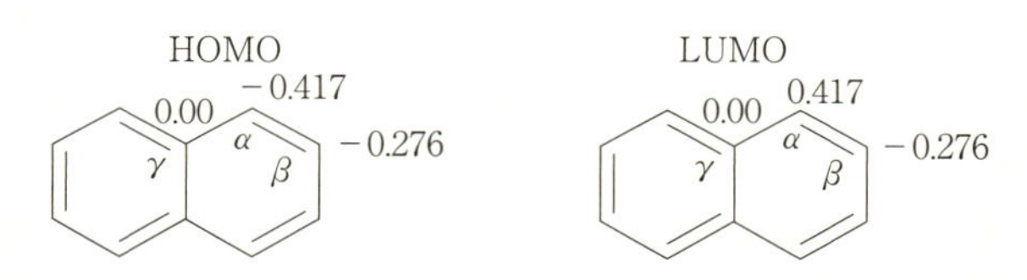

図7-7　ナフタレンの炭素原子上のHOMOおよびLUMO

応は何によって決まっているのでしょうか？

図7-7に、各原子について計算で求められたHOMOおよびLUMOの軌道係数を示します。原子の配列は対称的ですから、αおよびβ原子についてのみ示します。αおよびβ原子上にあるHOMOおよびLUMOの電子密度は、各々の軌道の係数の２乗になります。そうすると、まずα位でHOMOの電子密度は$(-0.417)^2\times2=0.348$、LUMOの電子密度も$(0.417)^2\times2=0.348$となります。各分子軌道法には２個ずつの電子がペアになって入ってくることを考えて、２をかけてあります。もちろんLUMOには今のところ電子は入っていないのですが、もし外から電子を受け入れるとすると、どの程度の受け入れが可能であるかを上の数字は示しています。数字が大きいほど、電子を受け入れやすくなります。

さてβ位についても同様に求めてみましょう。HOMOとLUMOの電子密度はともに$(-0.276)^2\times2=0.152$となります。ついでに図7-7では、γ位の原子のHOMOおよびLUMOの軌道係数も示しました。ともにまったくゼロであり、化学反応にはまったく興味を示さない原子であることがわかります。

それではまずHOMOについて、α位とβ位を比較してみましょう。この位置のHOMOの電子密度が高いということは、その位置に活発な電子がたくさんいるということを意味します。したがって、HOMOの電子密度が高い原子にはプラスの電荷を帯びた原子団が反応しやすい、この場合は置換反応が起こりやすい、ことを意味します。察しのいい人はじりじりしているかもしれません。そうです、HOMOの分布から、NO_2^+は迷わずα位に結合することが結論づけられます。

私たちは実験をまったくせずに、この予言をしました。そして実験結果も見事にこのことを裏付けています。さて少し幸せな気分になったところで、次の問題を考えてみましょう。

LUMOの電子密度が高い、というより潜在的に高い電子密度を持ち得る原子は、電子を受け入れようと待ち構えています。ナフタレンのLUMOのエネルギーは−0.408 eVです。つまり、この空軌道は安定であり、言わば大口を開けて電子を他から吸い込もうとしています。HOMOのエネルギーは当然これよりも低く、−8.835 eVです。LUMOの分布が大きいのはやはりα位です。したがって、この結論をまともに受けると、NH_2^-が反応する部位もα位になることになります。

ここで、化学を少し勉強した人は、「何となく変だぞ」と思うでしょう。つまりプラスの原子団（求電子試薬）もマイナスの原子団（求核試薬）も同じα位に結合するなんてあり得ないのではないか、どこか間違っているのではないだろうか、ということです。ところが実験事実は先の予測が正しいことを示しています。つまりβ位ではなく、α位にNH_2^-も置換するのです。

実は歴史的には、ナフタレンに関するこの問題がフロンティア軌道の考え方の有用性を一挙に高め、その結果として有機化学者もこの考え方を無視できなくなったのです。フロンティア軌道の考え方が出されるまでは、このナフタレンの反応性の問題はそれまでの有機化学の理論ではよく説明できなかったのです。量子化学の力を借りて、はじめてその説明が可能になりました。これは、それまで「実験！　実験！」だった有機化学に理論的な考え方と手法を導入するきっかけにもなりました。

今ではこのこと、つまり「有機化学には理論も大切である」こと、は世界的に見れば常識ですが、日本ではいまだにその認識が必ずしも高いとは思えません。フロンティア軌道の考え方の生みの親であり、この業績でノーベル賞を受賞された福井先生が日本人であることを考えると少し寂しい気もします。若い方々がもっと理論を積極的に活用するとともに、新たな理論の構築に挑戦していただきたいと思います。

もちろん、実験をまったくやらずにコンピュータのみですべて賄うことはできませんが、無駄な実験を省き、効率的に研究を行ったり、物質の開発を行ううえで、量子化学、特に分子軌道法は非常に有用な道具と言えましょう。

ナフタレンの置換反応はα位やβ位の炭素原子の電荷がプラスであるとか、マイナスであるとかで決定されるので

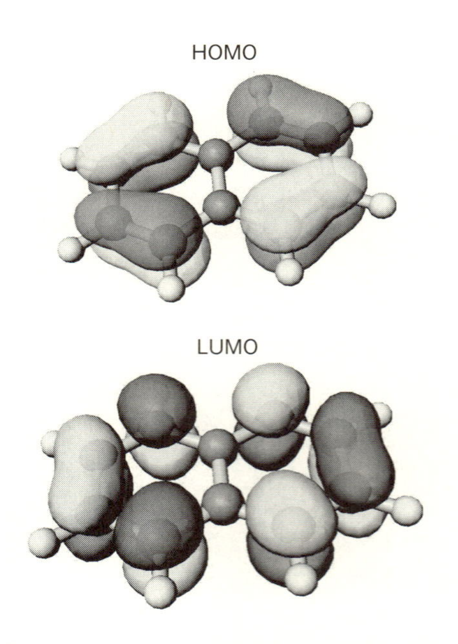

図7-8　ナフタレン分子のHOMOとLUMO

はなく、それらの位置のHOMOおよびLUMOの分布によって決定されることを上の計算は示しています。つまり、実体としての電子分布のみを考える古典的な物の考え方では、この現象が理解できないことを示しています。**図7-8**にはナフタレン分子のHOMOとLUMOの分布を示しました。体積が大きいほど、その部分に軌道が大きく分布していることを示します。いずれの場合にも、α位により大きく分布していることと、γ位にはまったく分布していないことを再確認してください。

7・3 熱と光で分子は違う反応をする

化学反応を起こさせるにはいろいろな方法がありますが、分子に熱をかけたり、光を当てることはよく使われる方法です。熱や光を使って分子内の電子を活発化して、反応を起こさせるのです。どんなにおとなしい人でも、からかったりして刺激すると怒り出します。赤々と燃える火の熱に比較して、光はなんとなくおとなしく見えますが実は光の方が熱よりずっと高いエネルギーを持っています。つまり温めてやるより、光をパッパッと当ててやる方が分子を強く刺激することになります。

ある分子に熱や光を当てるとどういう反応が起こるか、それを予測することは50年ほど前までは非常に難しく、有機化学者の悩みの種のひとつでした。**図7-9**に示す2,4,6－オクタトリエンでは、熱を与えた場合と光を与えた場合で、異なる分子が生成してしまいます。熱を与えると、１位と８位のメチル基がシスである分子ができますが、光を当てると１位と８位のメチル基がトランスである分子が生じます。

シス体とトランス体はまったく違う分子です。なぜこのような違いがでるのか、その理由はそれまでの有機化学ではほとんど説明できませんでした。医薬品などの分子は複雑な立体構造を取っており、望みの立体構造を持った分子を効率的に合成するうえでも、この理由はぜひ明らかにす

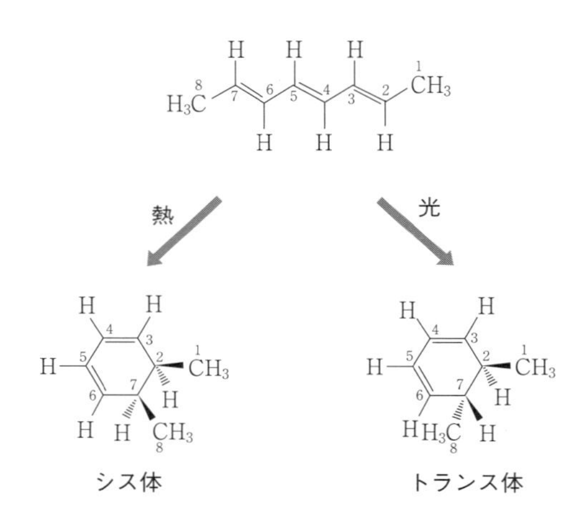

図7-9　2, 4, 6-オクタトリエンの反応

る必要があります。この問題も分子軌道法を使うことで、比較的あっさりと解決されました。

とりあえず2,4,6－オクタトリエンの分子軌道法計算を行ってみましょう。その結果を**図7-10**に示します。C^2およびC^7原子にあるHOMOとLUMOの軌道の符号に注意して見てください。第２章で軌道の符号の意味については説明しました。同じ符号の軌道が相互作用する（単純に言えば重なる）と互いに強め合って結合を作るように働きますが、異なる符号の軌道が相互作用すると互いに打ち消し合ってしまいます。波における山と谷の関係と同じです。

まず、C^2とC^7原子上のHOMOの軌道の分布を見てみましょう。図からわかるように、同じ方向に同じ符号の軌道

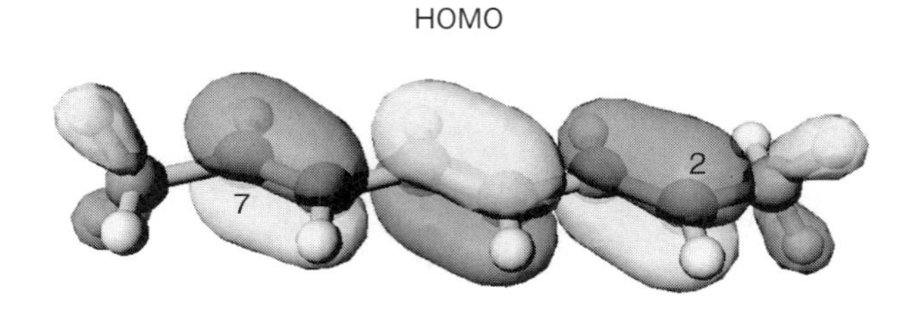

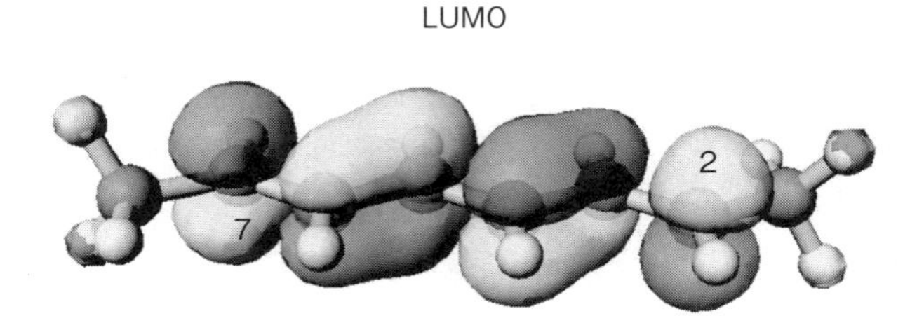

図7-10　2, 4, 6-オクタトリエンのHOMOおよびLUMO

が分布しています。したがって、エネルギーを少しだけ与えれば、つまり熱エネルギーを与えれば、これらの2つの原子上のHOMOはこの配置のままで作用し合い、結合を作ります。

それでは、LUMOの分布を次に見てみましょう。やはりC^2とC^7原子上の分布です。上下の軌道の符号が、両者で逆転していることがわかるでしょう。光エネルギーを与えると、電子は励起されてLUMOに入ります。しかし、も

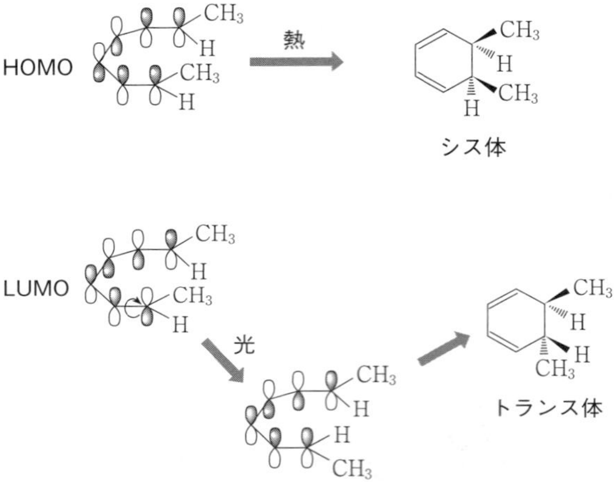

図7-11　光による反応はLUMOを使える

しこのままの配置をC^2とC^7原子が取っていると、C^2とC^7原子の間には結合ができません。ところが、C^2とC^7原子が互いに回転して、LUMOの符号が同じに向きになるように配置すると事情は変わって、結合ができるようになります。

以上の結果を模式的に表したのが、**図7-11**です。HOMOの場合は、C^2とC^7原子の軌道の符号の対称性が一致していますので、熱をかければそのまま分子は環状になり、シス体になります。これに対して、LUMOの場合には軌道の符号の対称性が一致していません。しかし、一致するように分子内で回転できれば、そして光を当てれば実際に回転できるので、光によって分子は環状になります。ところが回転により、C^8とC^1の方向は反対向きになるので、トランス体が生成することになります。

このように分子軌道法で求めたHOMOとLUMOの分布のしかたから、化学反応の結果生じる分子の立体的な形の差まではっきり説明することができます。さらにそうした反応の方向（シスになるかトランスになるか）まで予測することもできます。

この問題は量子化学によってはじめて解明された数多くの重要な問題の１つです。

化学のすべてが計算できる日も

分子軌道法がこのように活用できることを最初に示したのは、アメリカのウッドワードとホフマンという化学者です。1965年のことです。ウッドワードが当時すでに著名な有機化学者であったために、この成果は有機化学者の考え方に大きな影響を与えました。それまで分子軌道法の応用にむしろ懐疑的であった有機化学者が、にわかに分子軌道法を勉強しはじめたわけです。

ウッドワードとホフマンはその後、分子軌道法から求められる分子軌道の性質を有機化学に応用するためのルールを、いわゆる「ウッドワード－ホフマン則」という形にまとめました。ウッドワードはすでに1965年に「有機合成法発展への貢献」でノーベル賞を受けていましたが、ホフマンは福井謙一先生と共に1981年にノーベル賞を受けました。まさに実験化学と理論化学という大陸の間に渡る長い

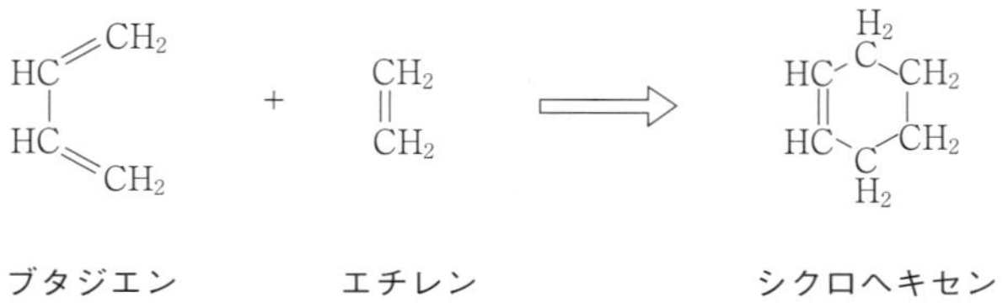

ブタジエン　エチレン　シクロヘキセン

図7-12　ブタジエンとエチレンの反応

橋を分子軌道法がかけたとも言えるでしょう。

ウッドワード・ホフマン則は、有機化学反応についていろいろのことを私たちに教えてくれますが、ここではもう1例についてお話しして、残念ながら幕としたいと思います。**図7-12**に示した化学反応はディールス－アルダー反応という名前のついている非常に有名な反応です。この反応が起こるメカニズムについて、分子軌道法に基づいて考えてみましょう。

図7-13にブタジエンのHOMOとLUMOの分布を示しました。また**図7-14**にエチレンのHOMOとLUMOの分布を示しました。これまでの話から察しがつくと思いますが、一方の分子のHOMOと他方の分子のLUMOの分布の対称性が合っていれば、それらは相互作用をして、その間に化学結合ができると考えてよいのです。

図7-13と図7-14の結果を模式的に表すと、**図7-15**のようになります。ブタジエン分子の両端原子のHOMOの正負の向きとエチレンのLUMOの正負の向きが合っている（対称性が一致する）ことがわかります。一方ブタジエン分子

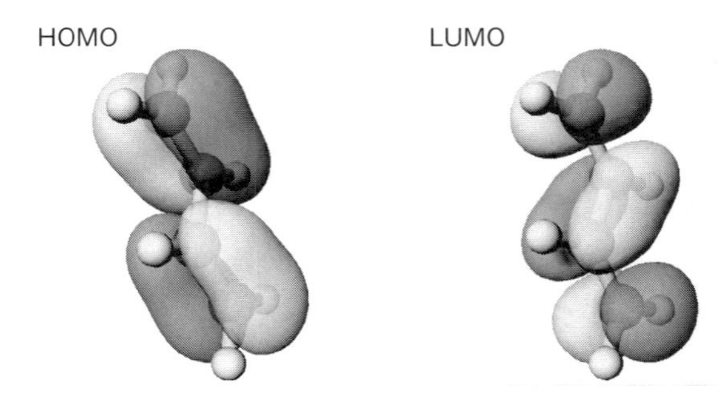

図7-13　ブタジエンのHOMOおよびLUMO

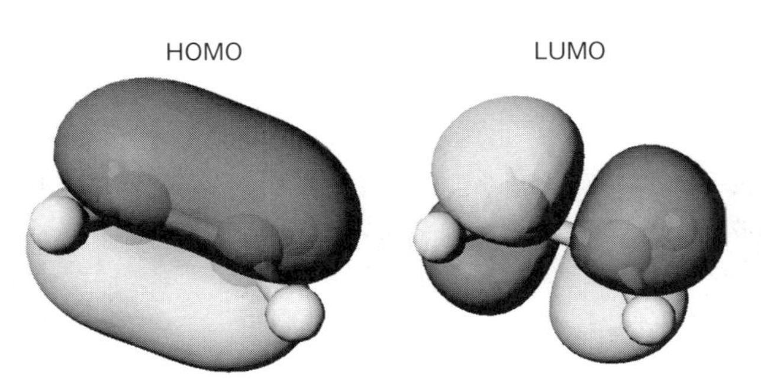

図7-14　エチレンのHOMOとLUMO

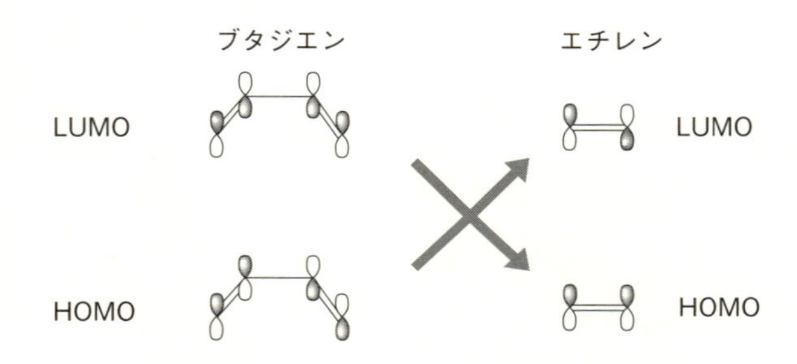

図7-15　ブタジエンとエチレンのHOMOおよびLUMO

の両端原子のLUMOの向きと、エチレンのHOMOの正負の向きも一致しています。したがって矢印のように分子間でHOMOからLUMOへの電子の移動が可能になり、シクロヘキセンという化合物ができあがります。

それでは**図7-16**に示すような、エチレン同士の反応はどうでしょうか。図7-12の反応から類推すれば、シクロブタンという化合物ができてよい気がします。図7-15に示すエチレン分子のHOMOとLUMOの分布を見てください。もしHOMOとLUMOの軌道を重ねるとすると、軌道の波動関数は互いに打ち消しあってしまいます。つまり、電子が通る道がなくなってしまうのです。したがって、エチレン同士の環化反応は、非常に起こり難いことが予想されます。実際にブタジエンとエチレンの反応よりも、はるかに高い温度が反応には必要になります。

ここでも見たように反応が起こり得るか、そして起こるとするとどちらの方向に向かって起こるかも、分子軌道法

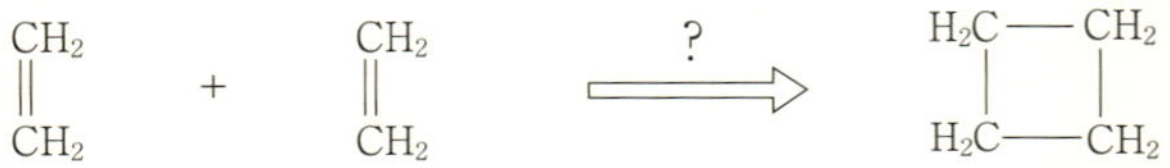

$$CH_2{=}CH_2 + CH_2{=}CH_2 \xrightarrow{?} \text{cyclo-}(CH_2)_4$$

図7-16　エチレン同士の反応は起こるか？

は教えてくれます。その威力を感じていただければ、それで充分です。

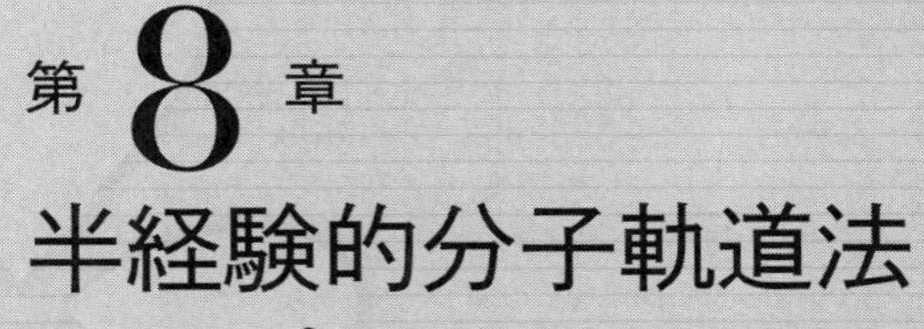

第8章 半経験的分子軌道法計算プログラムを使った計算の実際

必ずお読みください

- 本書は、パソコンの基本操作やインターネットの一般的な操作（検索やダウンロードなど）を独力でおこなえる方を対象にしています。
- 本書では以下の環境を使い、機能を確認して執筆しています。
  Windows10
  Winmostar V8.027
  上記以外の環境・バージョンをお使いの場合、操作方法や動作結果が異なる可能性があります。また、本書に掲載されている情報は、**2019年２月時点**のものです。実際にご利用になる際には変更されている場合があります。あらかじめご了承ください。
- コンピュータのソフトウェアという性質上、本書は紹介しているソフトウェアの安全性を保証するものではありません。著者ならびに講談社は、本書で紹介する内容の運用結果に関していっさいの責任を負いません。**本書の内容をご利用になる際は、すべて自己責任の原則でおこなってください。**
- 著者ならびに講談社は、本書に掲載されていない内容についてのご質問にはお答えできません。また、**電話によるご質問にはいっさいお答えできません。**あらかじめご了承ください。

8.1 半経験的分子軌道法計算プログラム

いろいろな半経験的分子軌道法プログラム・パッケージが開発されていますが、本書中の大部分の計算は、国内の株式会社クロスアビリティ[1]から販売・配布されているWinmostarを使って行いました。

Wimostar内の半経験的分子軌道法計算用のソフトウェアは、テキサス大学のマイケル・デュワー（Michael Dewar）らによって開発されたMOPAC®（Molecular Orbital Package）と呼ばれるソフトウェア・システムに基づいています。MOPAC®は世界的にも最もよく使われている半経験的分子軌道法プログラム・パッケージで、多くの機関や会社からいろいろな形で配布されています。現在MOPACという名称は、Stewart Computational Chemistryという会社の登録商標になっており、改良されたソフトウェアが同社から販売・配布されています。しかし、MOPAC®が半経験的分子軌道法プログラムの言わばデファクト・スタンダードになっているため、MOPAC®が採用しているデータ書式を多くの化学ソフトウェアが使えるようになっています。

本書に述べられている内容の理解を深め、分子軌道法を身近なものに感じ、さらに実践的に活用するうえでも、読者自身が本書で述べられている例について、以下に述べるソフトウェア・パッケージのどれかを使って実際に計算してみることを強くお勧めします。

8・2 Winmostarとは

Winmostarは商用ソフトウェアですが、学生版と無償版は無料で使用することができます。無償版の登録には特別な資格はなく、フリー・メール・アカウント以外のアカウントを持っている人であれば、１年間使用できます。また１ヵ月間のトライアル版も用意されています。利用資格の確認とソフトウェアはWinmostarのサイト[2]から、ダウンロードしてください。無償版の機能は限られており、半経験的分子軌道法プログラムのみの使用になりますが、本書の内容を勉強するうえでは充分です。有償版であればより近似の高い分子軌道法等が使えるので、実務にも使うことができます。

Winmostarには、とても親切なチュートリアルおよびマニュアルがついています。しかし、初心者がいきなりそれらを読むとやや難しく感じてしまうかもしれません。そこで、いくつかの分子を例に取り、Winmostarへの導入を以下に簡単に説明して、少しだけ敷居を下げる試みをしてみましょう。

8・3 Winmostarを使った計算例

計算の流れ

多くの計算は次の手順で行います。

（１）初期分子構造データの作成

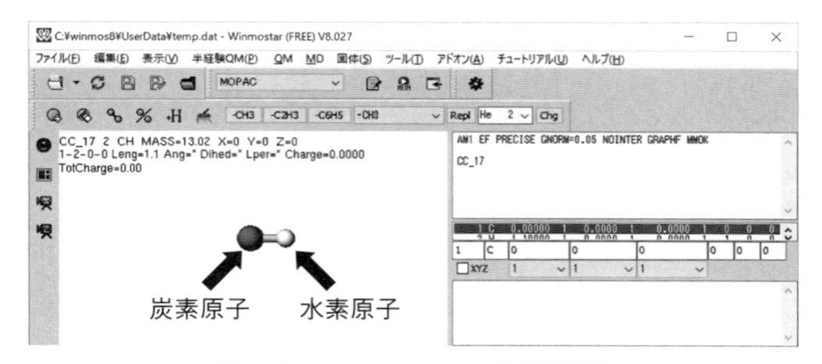

図8-1　Winmostarの初期画面

（２）分子軌道法計算の条件設定
（３）計算実行
（４）計算結果の検討

初期分子構造データの作成

分子軌道法では分子の立体構造まで最適化してくれますが、なるべく正解に近い分子構造を初期構造として与える必要があります。正解から大きく外れた構造あるいは間違った構造からは正しいあるいは求めるべき最終構造は得られません。初期分子構造を入力するためには、いろいろな方法があります。

Winmostar自身にも、初期分子の構築を助けてくれる機能があります。Winmostarをインストールし、起動すると**図8-1**のような初期画面が出ます。初期画面から酢酸分子を作るのであれば、初期状態の水素原子をカルボキシ基に入れ替え（Repl:**図8-2**）、左の炭素原子に３個の水素原子

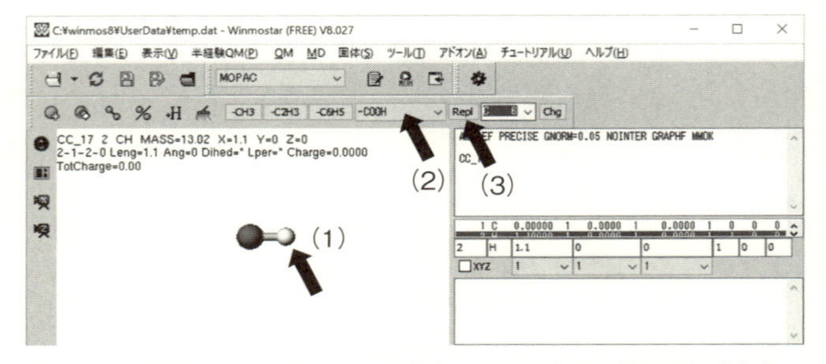

図8-2　水素原子をクリックし(1)、カルボキシ基を選び(2)、置換(Repl)する(3)

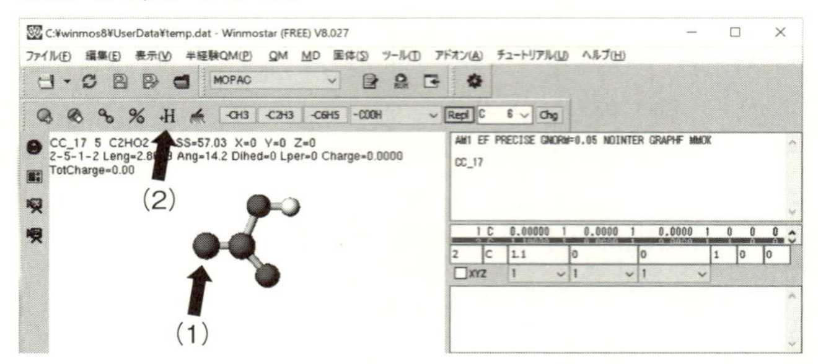

図8-3　末端の炭素原子をクリックし(1)、水素原子を3つ付加する(2)

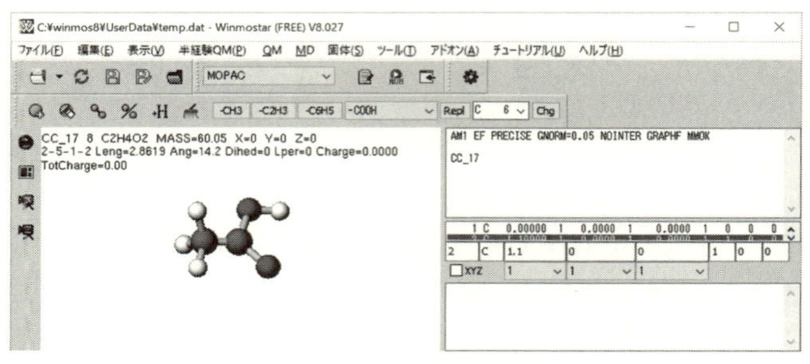

図8-4　酢酸分子の完成

を付ければ（＋H:**図8-3**）、構築（**図8-4**）できます。

しかし、少し複雑な分子になると、段階的に行うこの作業には時間がかかり、入力間違いが増えます。そのような場合は、ChemSketch[3]（ChemSketchの使い方については、ブルーバックス『ChemSketchで書く簡単化学レポート』などを参照してください）のような分子構造描画ソフトウェアを使うと便利です。ここではグリシンの例を示します。まずChemSketchで平面化学構造を作り（**図8-5**）、それをChemSketchの機能の１つである3 D Viewerに読み込み（**図8-6**）、その構造をMOPAC®用の書式（MOPAC Z-Matrix）のファイルで保存します。そのファイルをWinmostarで読み込めば（ファイル→開く→ファイル名指定）、分子軌道法の計算に進めます。ChemSketchには複数のテンプレート構造も用意されているので、初学者が遭遇するたいていの分子の構造は、短時間で間違いなく構築できます。分子の化学構造を学べることも含めると、この方法がお薦めです。

もうひとつの便利な方法は、SMILESという表記法で書かれた分子構造を利用する方法です。インターネット上の化合物検索サイトであるPubChem[4]でグリシンを検索し、canonical SMILESを見ると、グリシンのSMILES表記「C(C(＝O)O)N」が見つかります。これをコピーして、Winmostarでファイル→インポート→SMILESから読み込み、変換（Convert）すれば（**図8-7**）、この場合も誤りなく、構造を短時間で入力できます（**図8-8**）。この方法の利点は、複雑な化学構造を持つ医薬分子など、ChemSketch

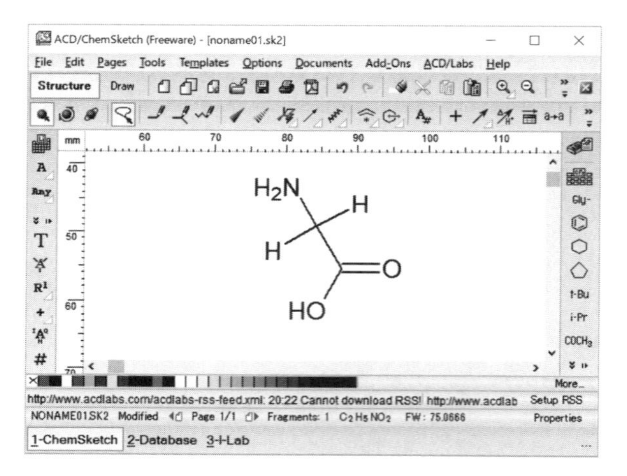

図8-5　ChemSketchでグリシン分子を描く

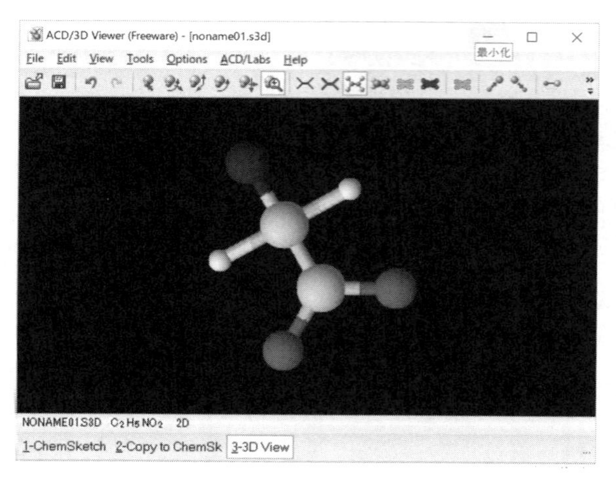

図8-6　ChemSketchの3D Viewerでグリシン分子の暫定的な立体構造を作る

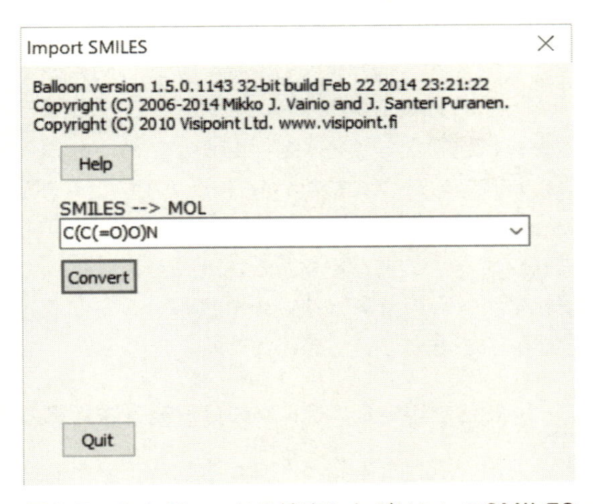

図8-7　PubChemから検索したグリシンのSMILES表記をWinmostar用データに変換する

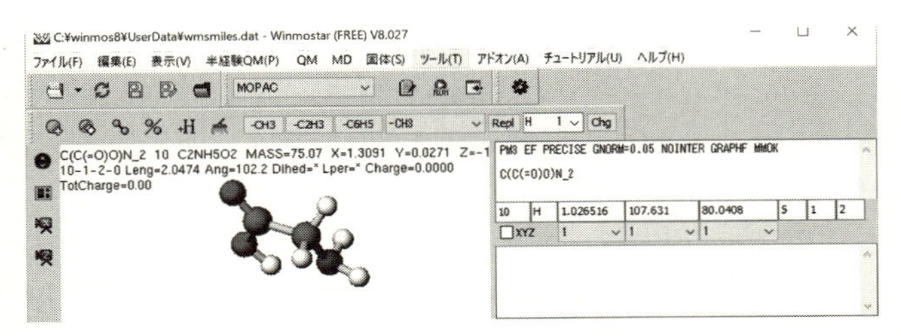

図8-8　SMILES表記に基づき、Winmostarで作ったグリシン

を使っても入力がやっかいな分子の構造を間違いなく、短時間に入力できることです。とりあえず、目的のやや複雑な分子の分子軌道を計算してみたいという、「ご用とお急ぎ」の方には便利かと思います。しかし、あまり知られていないか、普通には存在しない分子については、そもそもPubChemに収録されていませんので、ChemSketchのような描画ソフトウェアを使うしかありません。

分子軌道法自身の計算は速いので、むしろ初期構造の作成に手間取ることが多いと思います。

PM3法を用いたエチレンの分子軌道法計算の流れ

まず、前節で述べた方法のどれかを使ってエチレンの化学構造を画面上で作ります（**図8-9**）。次に計算条件を設定します。メニュー画面にある「半経験QM(P)」から「MOPACキーワード設定」を選ぶか、「ノート・アイコン」をクリックすると、**図8-10**のような条件設定画面が出ます。パラメータの設定はMOPAC®とほとんど共通です。

この計算では、Hamiltonian:PM3、Method:EF、GRAPH:GRAPHFを指定して、PRECISEとVECTORSにチェックを入れます。他はデフォルトの設定で構いません。本文中の大半の計算例ではこの設定条件を使っています。このパラメータはエチレンの初期構造を分子軌道法で最適化し、分子軌道を表示するためのデータを出力します。左下の「Set」ボタンをクリックすると、この条件が設定されます。

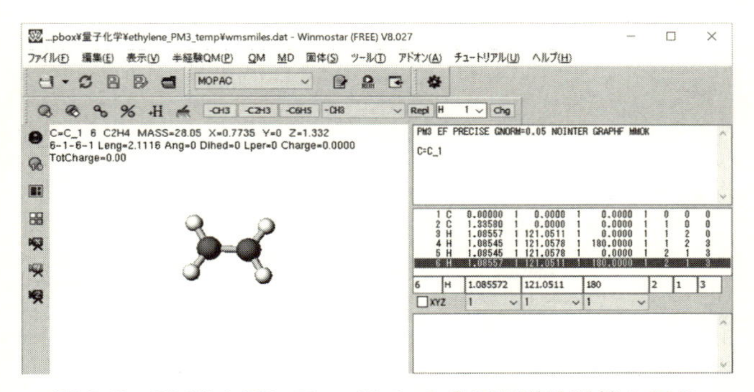

図8-9　PM3を用いてエチレンの分子軌道法計算を行う

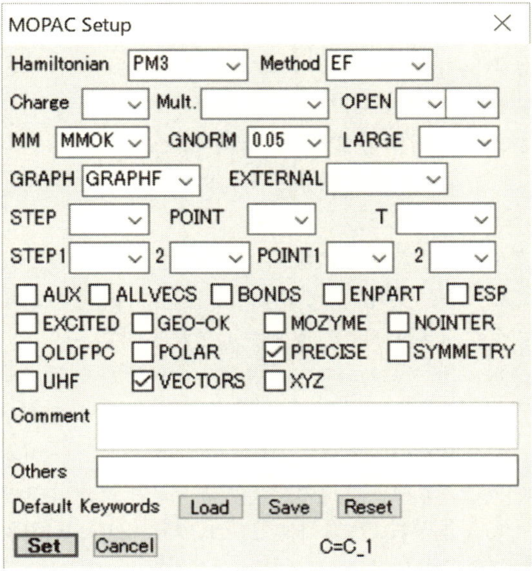

MOPAC Setup

Hamiltonian PM3　Method EF

Charge　Mult.　OPEN

MM MMOK　GNORM 0.05　LARGE

GRAPH GRAPHF　EXTERNAL

STEP　POINT　T

STEP1　2　POINT1　2

☐AUX ☐ALLVECS ☐BONDS ☐ENPART ☐ESP

☐EXCITED ☐GEO-OK ☐MOZYME ☐NOINTER

☐OLDFPC ☐POLAR ☑PRECISE ☐SYMMETRY

☐UHF ☑VECTORS ☐XYZ

Comment

Others

Default Keywords　Load　Save　Reset

Set　Cancel　C=C_1

図8-10　PM3を用いて分子軌道法計算を行う標準的な設定値

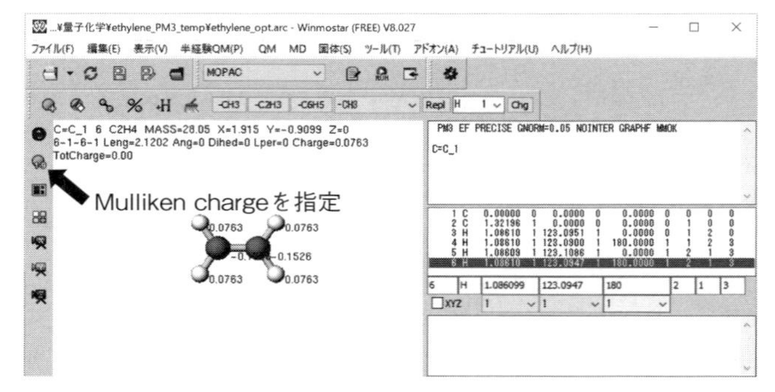

図8-11　分子軌道法で得られたエチレン中の原子上の電荷

計算の実行は簡単で、メニューにある「RUN」をクリックするだけです。計算結果を保存するファイル名を指定すると計算は開始します。終了すると、**表8-1**（240～243ページ）のような計算結果が出力されます。この表に簡単な出力結果の説明を示します。

計算が終了した状態の画面は**図8-11**のようです。左側にあるメニュー（矢印）からMulliken chargeを指定すると図のように、各原子上の電荷が示されます。メイン・メニューから、半経験QM(P)→MOPAC→インポート→MO(mgf)を指定すると、**図8-12**のような２つの画面が表示されます。図8-12(a)では分子軌道のエネルギーが表示されます（デフォルト設定ではエネルギー単位がauですが、本書ではeV単位にしています)。上の方にHOMOの軌道は６番目であることが示されています。図8-12(b)では、これらの分子軌道を画像で表示する条件を指定します。この

（a）６番目の軌道がHOMO

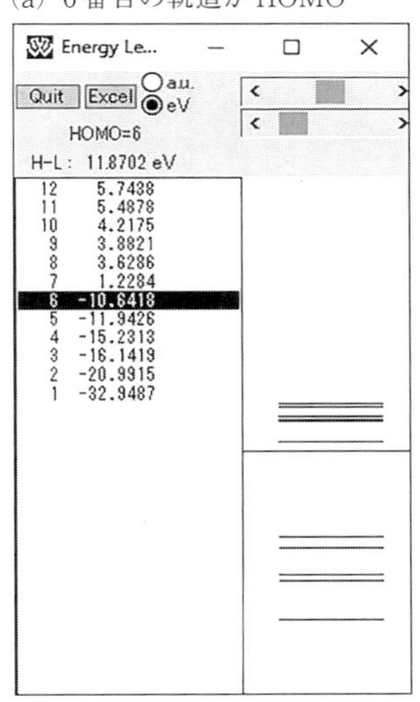

（b）分子軌道を図示するための条件設定画面

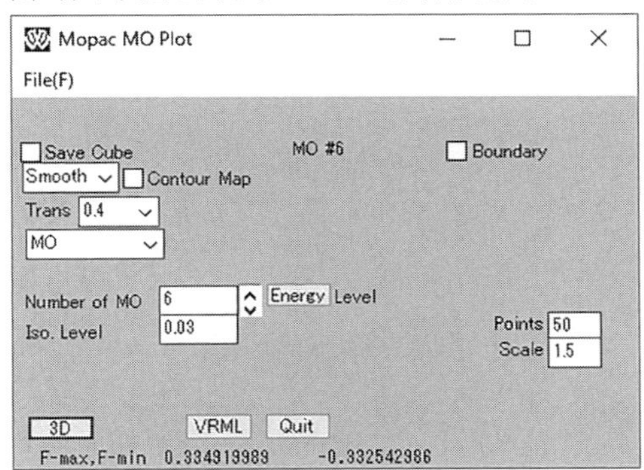

図8-12　分子軌道法で得られたエチレン中の分子軌道

画面ではHOMOを表示する設定になっています。Save Cubeにチェックをいれ、左下の3Dをクリックすると、図3-11のようにHOMOの図が表示されます。この画面のViewメニューにあるパラメータを変えることで、軌道の図の色や表示法をかなり自由に変えることができます。

CNDO/S法を用いたエチレン分子の分子軌道法計算

前項のように、まずエチレン分子を画面に表示させます。メイン・メニューから、半経験QM(P)→CNDO/S→CNDO/Sキーワード設定、を指定します。すると**図8-13**のような設定画面が現れますが、すべてデフォルトのままで構いません。左下のSetボタンで、この条件で設定し、実行します（RUNボタンを押す）。すると、**図8-14**の画面が現れます。左側には吸収波長（nm）と振動強度（f）が表示され、右側にはそれをグラフ化したもの（スペクトル）が表示されます。この場合、最も長波長側にある強度の強い吸収が190.30 nm（1903.0 Å）にピークとなって現れています。

CNDO/Sの計算では構造の最適化を行いませんので、まずPM3で構造の最適化を行ってから、CNDO/Sの計算を行ってください。

エタン分子の立体配座解析

4-2で見たように、エタン分子の２つの炭素原子間の単結合まわりの回転は可能です。回転にともない、分子の生成熱がどのように変化するかを計算する場合、最も単純な

CNDO/S Setup

Method CNDO　Multiplicity SINGLET　Basis set SP

BONDS　NOINTER　SHORT　OUTMO

Repulsion integral 3

Nuclear repulsion energy 2

PKAPPA 0.585　DKAPPA 0.3

Charge 0　# of CI 60　# of excited states 1

Set　Cancel

図8-13　CNDO/Sで計算する条件設定の画面

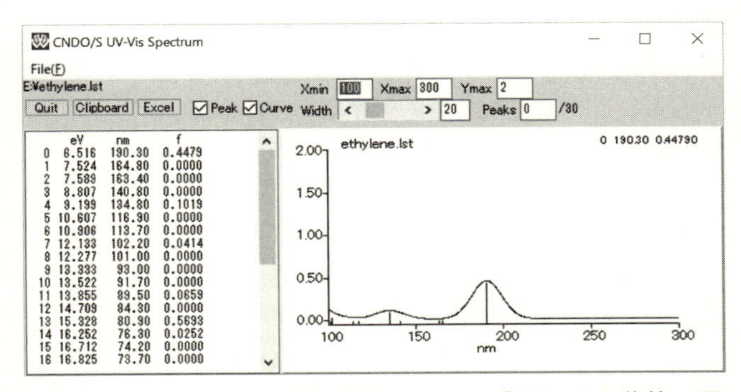

図8-14　CNDO/Sで計算されたエチレン分子による紫外・可視光線の吸収

方法は、回転角を変えた構造を複数作り、その各々について生成熱を求める方法です。この方法では、例えば10°刻みで0°から180°まで回転すると19個も構造を作る必要があり、とても厄介です。このような作業を行う便利な方法があります。

まずエタン分子を作ります（**図8-15(a)**）。この図でねじれ角8 H—2 C—1 C—3 Hは60°になっています。このねじれ角を50°から190°まで変化させ、10°回転するごとにできる立体配座の生成熱を計算するための条件を**図8-15(b)**に示します。（1）で計算する10°刻みの値を入れ、このような条件でねじれ角を変化させて計算させることを（2）の−1の値で指定します。計算にはしばらく時間がかかります。計算が終了したら、メニューから、半経験QM(P)→MOPAC→インポート→Animation（arc）を指定すると、**図8-16(a)**のような画面が表示されます。各立体配座の生成エネルギーとそのグラフが表示されます。この計算の場合、ねじれ角が120°のときに、最も不安定になることを示します。そのときのエタン分子内では、**図8-16(b)**に示すように、すべての水素原子が重なっています。

その他の計算上の注意など

分子軌道法の計算条件は図8-10に示されるようなキーワードで制御されています（これ以外にもキーワードはたくさんあり、下欄のOthersの中で指定することができます）。本書ではその詳細は述べませんが、これらのパラメータはMOPAC®と基本的に共通で、その詳細はMOPAC®

(a)

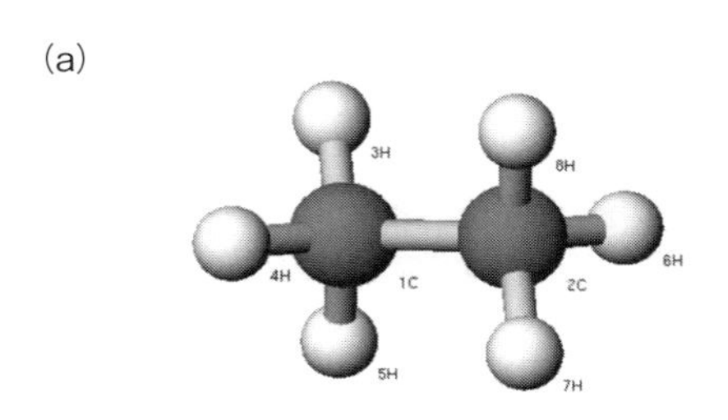

(b)

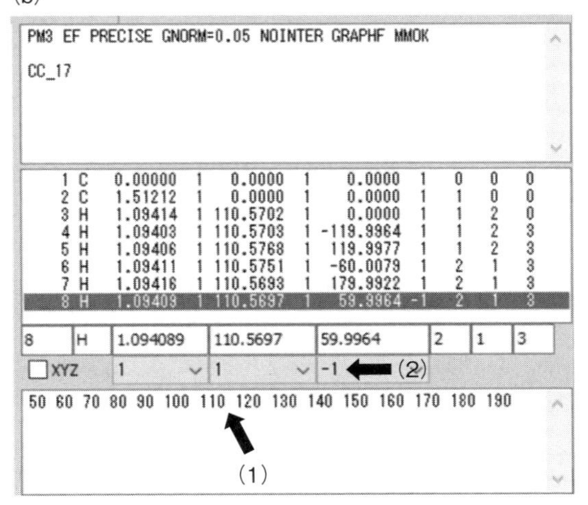

図8-15　エタン分子の立体配座計算

ねじれ角8H−2C−1C−3Hを50°から190°まで10°刻みで変化させたとき(1)のすべての構造の生成熱を求める(2)

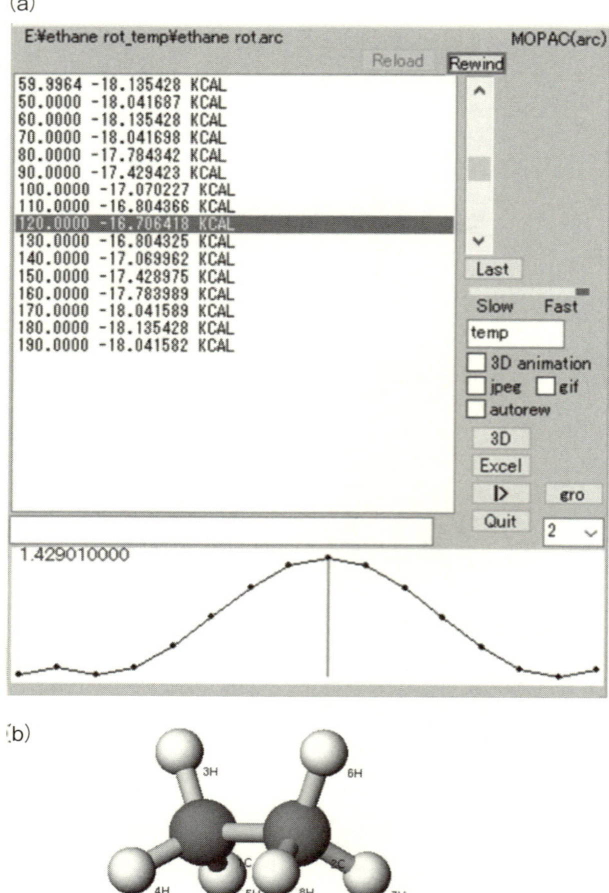

図8-16　エタン分子の立体配座計算の結果のグラフ表示

ねじれ角8H−2C−1C−3Hが120°のときに最もエネルギーが高い（不安定になる）ことがわかる

の公式サイト[5]に説明されています。さらに勉強を進めたい方は、是非このサイトを参照してください。ただし、MOPAC®に準拠していても、特定の機能が使えないソフトウェアも多くありますので、その点を注意してください。例えば、本文中で、溶媒効果について検討しましたが、この計算の機能は残念ながらWinmostarにはなく、後述するSCIGRESS MO Compactを用いて計算しました。Winmostarで使える機能については、Winmostarの公式サイトをご参照ください。

すでに述べましたが、分子軌道法の計算では、いわゆる数値計算を繰り返して行います。したがって、使用するコンピュータ環境によって微妙に計算結果に差が出ることがあります。本書で示す計算結果の数字と最後の桁で異なる結果が出ても、それは異常ではありません。

8・4 Winmostar以外のソフトウェア

MOPAC®の開発は1981年から開始され、現在はMOPAC2016が販売・配布されています。MOPAC®の公式ソフトウェアはStewart Computational Chemistry[5]から販売・配布されています。国内では株式会社モルシス[6]から販売されています。この版には最新の機能が盛り込まれています。MOPAC2016は、学位授与機関に所属する方は無料で使えます。また、そうでない方も1ヵ月間であれば、購入検討のために無料で試用することができます。Winmostarに同梱されているMOPAC6および

MOPAC 7にはない機能もたくさん含まれていますので、さらに進んで半経験的分子軌道法の機能を使ってみたい方は株式会社モルシスにお問い合わせください[7]。

SCIGRESS MO Compactは富士通が販売・配布している半経験的分子軌道計算用のソフトウェア・パッケージです[8]。以前はWinMOPACという名で販売されていた商品です。体験版は1ヵ月間無償で使うことができます[9]。旧名称からわかるように、このソフトウェア・パッケージもMOPAC®を基本にしています。

ここで紹介したソフトウェア以外にも半経験的分子軌道法の計算が行えるソフトウェアは世界中に複数存在します。それぞれが特徴を持っていますので、予算や用途に合わせて適切なパッケージを使用されるとよいと思いますが、まずはWinmostarで本書のおもな内容をご自身で確認してみることをお薦めします。

問い合わせ先

［１］https://x-ability.co.jp/index.php

［２］https://winmostar.com/jp/

［３］https://www.acdlabs.com/

［４］https://pubchem.ncbi.nlm.nih.gov/

［５］http://openmopac.net/

［６］https://www.molsis.co.jp/materialscience/mopac2016/

［７］sales@molsis.co.jp

［８］http://www.fujitsu.com/jp/solutions/business-technology/tc/sol/mocompact/

［９］http://www.fujitsu.com/jp/solutions/business-technology/tc/sol/mocompact/trial.html

表8-1　Winmostar計算結果の出力例（1）

```
** [MOPAC] Ver.6 ;                    by Dr. James J.P. Stewart,      **
** FRANK J. SEILER RES. LAB., U.S. AIR FORCE ACADEMY, COLO. SPGS., CO. 80840 **
** MOPAC6.03 ON Windows95,NT,XP ;          by N.Senda(Tencube)  2008.04.26 **
*******************************************************************************
                     PM3 CALCULATION RESULTS
 C=C_1

*******************************************************************************
*       MOPAC:  VERSION  6.03          CALC'D. 28-Oct-18
* VECTORS  - FINAL EIGENVECTORS TO BE PRINTED
* GRAPH    - GENERATE FILE FOR GRAPHICS
* MMOK     - APPLY MM CORRECTION TO CONH BARRIER
*  T=      - A TIME OF  3600.0 SECONDS REQUESTED
* DUMP=N   - RESTART FILE WRITTEN EVERY  3600.0 SECONDS
* EF       - USE EF ROUTINE FOR MINIMUM SEARCH
* PM3      - THE PM3 HAMILTONIAN TO BE USED
* PRECISE  - CRITERIA TO BE INCREASED BY 100 TIMES
* GNORM=   - EXIT WHEN GRADIENT NORM DROPS BELOW .500E-01
*************************************************************************070BY090
0
-------------------------------------------------------------------------------
PM3 EF PRECISE GNORM=0.05 GRAPHF VECTORS MMOK

C=C_1

  ATOM   CHEMICAL  BOND LENGTH   BOND ANGLE    TWIST ANGLE
 NUMBER  SYMBOL   (ANGSTROMS)    (DEGREES)     (DEGREES)
  (I)              NA:I        NB:NA:I     NC:NB:NA:I    NA  NB  NC

   1    C
   2    C      1.33580  *                        1
   3    H      1.08557  *   121.05109  *              1   2
   4    H      1.08545  *   121.05776  *  180.00000  *  1   2   3
   5    H      1.08545  *   121.05776  *     .00000  *  2   1   3
   6    H      1.08557  *   121.05109  *  180.00000  *  2   1   3


        CARTESIAN COORDINATES

  NO.     ATOM       X        Y        Z

   1      C       .0000    .0000    .0000
   2      C      1.3358    .0000    .0000
   3      H      -.5599    .9300    .0000
   4      H      -.5600   -.9298    .0000
   5      H      1.8958    .9298    .0000
   6      H      1.8957   -.9300    .0000
H: (PM3): J. J. P. STEWART, J. COMP. CHEM.    10, 209 (1989).
C: (PM3): J. J. P. STEWART, J. COMP. CHEM.    10, 209 (1989).


     RHF CALCULATION, NO. OF DOUBLY OCCUPIED LEVELS =  6
INTERATOMIC DISTANCES
0
           C 1      C 2      H 3      H 4      H 5      H 6
-------------------------------------------------------------------------------
   C  1   .000000
   C  2  1.335802   .000000
   H  3  1.085572  2.111581   .000000
   H  4  1.085448  2.111545  1.859864   .000000
   H  5  2.111545  1.085448  2.455727  3.080466   .000000
   H  6  2.111581  1.085572  3.080602  2.455727  1.859864   .000000
```

使用したパラメータ

初期分子の構造情報

表8-1　Winmostar計算結果の出力例（2）

```
CYCLE:  1 TIME:   .02 TIME LEFT:  3600.0 GRAD.:   21.409 HEAT: 17.15618
CYCLE:  2 TIME:   .00 TIME LEFT:  3600.0 GRAD.:   12.190 HEAT: 16.94129
CYCLE:  3 TIME:   .00 TIME LEFT:  3600.0 GRAD.:    9.906 HEAT: 16.70771
CYCLE:  4 TIME:   .00 TIME LEFT:  3600.0 GRAD.:    7.318 HEAT: 16.65600
CYCLE:  5 TIME:   .00 TIME LEFT:  3600.0 GRAD.:    1.582 HEAT: 16.63109
CYCLE:  6 TIME:   .02 TIME LEFT:  3600.0 GRAD.:     .847 HEAT: 16.63010
CYCLE:  7 TIME:   .00 TIME LEFT:  3600.0 GRAD.:     .441 HEAT: 16.62973
CYCLE:  8 TIME:   .00 TIME LEFT:  3600.0 GRAD.:     .152 HEAT: 16.62966
CYCLE:  9 TIME:   .00 TIME LEFT:  3600.0 GRAD.:     .034 HEAT: 16.62966
```

最適化の課程（９回計算）

生成熱が次第に小さくなる

```
-------------------------------------------------------------------------------
PM3 EF PRECISE GNORM=0.05 GRAPHF VECTORS MMOK

C=C_1

   GEOMETRY OPTIMISED USING EIGENVECTOR FOLLOWING (EF).
   SCF FIELD WAS ACHIEVED

                  PM3    CALCULATION
                                 VERSION  6.03
                                 28-Oct-18

      FINAL HEAT OF FORMATION =        16.62966 KCAL

      TOTAL ENERGY            =     -297.88994 EV
      ELECTRONIC ENERGY       =     -722.50464 EV
      CORE-CORE REPULSION     =      424.61470 EV

      IONIZATION POTENTIAL    =       10.64160
      NO. OF FILLED LEVELS    =        6
      MOLECULAR WEIGHT        =     28.054

      SCF CALCULATIONS  =            10
      COMPUTATION TIME  =    .031 SECONDS
```

以下が最適化の結果

生成熱

```
  ATOM   CHEMICAL  BOND LENGTH    BOND ANGLE     TWIST ANGLE
 NUMBER  SYMBOL    (ANGSTROMS)     (DEGREES)      (DEGREES)
  (I)               NA:I        NB:NA:I     NC:NB:NA:I    NA   NB   NC

   1    C
   2    C       1.32196  *                                1
   3    H       1.08610  *    123.09510  *                1    2
   4    H       1.08610  *    123.08995  *  180.00000  *  1    2    3
   5    H       1.08609  *    123.10857  *     .00000  *  2    1    3
   6    H       1.08610  *    123.09468  *  180.00000  *  2    1    3
INTERATOMIC DISTANCES
0
          C 1       C 2       H 3       H 4       H 5       H 6
-------------------------------------------------------------------------------
  C  1   .000000
  C  2  1.321959   .000000
  H  3  1.086102  2.120178   .000000
  H  4  1.086104  2.120129  1.819853   .000000
  H  5  2.120301  1.086090  2.508255  3.098751   .000000
  H  6  2.120171  1.086099  3.098699  2.507959  1.819649   .000000
```

最適化された分子の構造情報

表8-1　Winmostar計算結果の出力例（3）

EIGENVECTORS 原子軌道　原子種　番号

軌道番号　軌道エネルギー　軌道係数

ROOT NO.			1	2	3	4	5	6
			-32.9484	-20.9916	-16.1418	-15.2312	-11.9427	-10.6416
S	C	1	-.60813	-.46815	-.00001	.03718	-.00002	.00000
PX	C	1	-.14486	.27813	.00008	.61899	-.00003	.00000
PY	C	1	.00001	.00000	-.53877	.00010	.46279	.00000
PZ	C	1	.00000	.00000	.00000	.00000	.00000	.70711
S	C	2	-.60813	.46813	-.00002	.03728	.00000	.00000
PX	C	2	.14485	.27822	-.00009	-.61895	.00001	.00000
PY	C	2	.00001	.00000	-.53870	.00007	-.46288	.00000
PZ	C	2	.00000	.00000	.00000	.00000	.00000	.70711
S	H	3	-.23366	-.31894	-.32392	-.24028	.37798	.00000
S	H	4	-.23367	-.31893	.32386	-.24037	-.37799	.00000
S	H	5	-.23365	.31899	-.32384	-.24028	-.37801	.00000
S	H	6	-.23367	.31896	.32381	-.24030	.37806	.00000

ROOT NO.			7	8	9	10	11	12
			1.2283	3.6285	3.8822	4.2175	5.4877	5.7438
S	C	1	.00000	.50919	.00007	.35879	.00005	.14709
PX	C	1	.00000	.06906	-.00001	-.30977	.00029	.64637
PY	C	1	.00000	-.00007	.45795	.00003	.53464	-.00021
PZ	C	1	-.70711	.00000	.00000	.00000	.00000	.00000
S	C	2	.00000	-.50909	-.00013	.35897	-.00005	-.14699
PX	C	2	.00000	.06911	-.00001	.30957	.00027	.64646
PY	C	2	.00000	-.00012	.45805	.00001	-.53454	.00024
PZ	C	2	.70711	.00000	.00000	.00000	.00000	.00000
S	H	3	.00000	-.34350	-.38096	-.37104	-.32721	.17405
S	H	4	.00000	-.34364	.38086	-.37097	.32740	.17377
S	H	5	.00000	.34356	-.38085	-.37108	.32714	-.17420
S	H	6	.00000	.34336	.38109	-.37099	-.32734	-.17385

求められた分子軌道の情報

NET ATOMIC CHARGES AND DIPOLE CONTRIBUTIONS

ATOM NO.	TYPE	CHARGE	ATOM ELECTRON DENSITY
1	C	-.1526	4.1526
2	C	-.1526	4.1526
3	H	.0763	.9237
4	H	.0763	.9237
5	H	.0763	.9237
6	H	.0763	.9237

DIPOLE	X	Y	Z	TOTAL
POINT-CHG.	.000	.000	.000	.000
HYBRID	.000	.000	.000	.000
SUM	.000	.000	.000	.000

原子上の電荷

表8-1　Winmostar計算結果の出力例（4）

```
CARTESIAN COORDINATES

 NO.    ATOM          X        Y       Z

  1      C          .0000    .0000    .0000
  2      C         1.3220    .0000    .0000
  3      H         -.5930    .9099    .0000
  4      H         -.5930   -.9100    .0000
  5      H         1.9152    .9097    .0000
  6      H         1.9150   -.9099    .0000

      ATOMIC ORBITAL ELECTRON POPULATIONS

 1.18072   .96296  1.00888  1.00000  1.18072   .96297  1.00891  1.00000
  .92370   .92370   .92370   .92373

       DATA FOR GRAPH WRITTEN TO DISK


TOTAL CPU TIME:          .05 SECONDS

== MOPAC DONE ==
```

最適化された分子の構造情報

付録 水素分子の分子軌道とエネルギーを求める

第２章の補足説明をします。2-4と2-5を読んでから、以下を読み進んでください。

分子軌道ψにある電子のエネルギーEを求める

（2-5）式（$\int \psi^* \psi \, d\tau = 1$）の性質を考慮し、（2-4）式（$H\psi = E\psi$）をもう一度見てみましょう。まず（2-4）式の両辺にψ^*をかけたものを考えると

$$\psi^* H\psi = \psi^* E\psi$$

のようになります。Eはエネルギーの値ですから数字なので、

$$\psi^* H\psi = E\psi^* \psi$$

となります。両辺を電子がいると思われる全空間で積分すると（足し合わせると）、

$$\int \psi^* H\psi \, d\tau = \int E \psi^* \psi \, d\tau = E \int \psi^* \psi \, d\tau$$

となるので、その電子のエネルギーEは

$$\frac{\int \psi^* H\psi \, d\tau}{\int \psi^* \psi \, d\tau}$$

になります。ちょっと面倒ですが、電子のエネルギーEは

計算できます。

水素分子の波動関数は2-5に示すように、$\psi = c_1\phi_1 + c_2\phi_2$ で、ϕ_1とϕ_2は水素原子の1s原子軌道です。ここではψは実数として考えてみましょう。そうすると、

$$E = \frac{\int (c_1\phi_1 + c_2\phi_2) H (c_1\phi_1 + c_2\phi_2) d\tau}{\int (c_1\phi_1 + c_2\phi_2)(c_1\phi_1 + c_2\phi_2) d\tau}$$

になります。$\int \phi_1 H \phi_2 d\tau$と$\int \phi_2 H \phi_1 d\tau$は一般には等しくありませんが、今$\phi_1$と$\phi_2$はともに1$s$の原子軌道ですので、両者は等しくなります。同じように$\int \phi_1\phi_2 d\tau = \int \phi_2\phi_1 d\tau$になります。これを考慮に入れて右辺を展開すると

$$E = \frac{c_1^2 \int \phi_1 H \phi_1 d\tau + 2c_1c_2 \int \phi_1 H \phi_2 d\tau + c_2^2 \int \phi_2 H \phi_2 d\tau}{c_1^2 \int \phi_1^2 d\tau + 2c_1c_2 \int \phi_1\phi_2 d\tau + c_2^2 \int \phi_2^2 d\tau}$$

になります。

より正しいEを求めるには

もし私たちがc_1とc_2の係数を正しく知っていれば、その値を入れると正しいエネルギーEが求められます。しかし、最初にこれらの係数はわかりません。もし当てずっぽうにc_1とc_2を上の式に入れると、そこから求められるEは正しいEより必ず大きくなります。正しい姿をしたもの

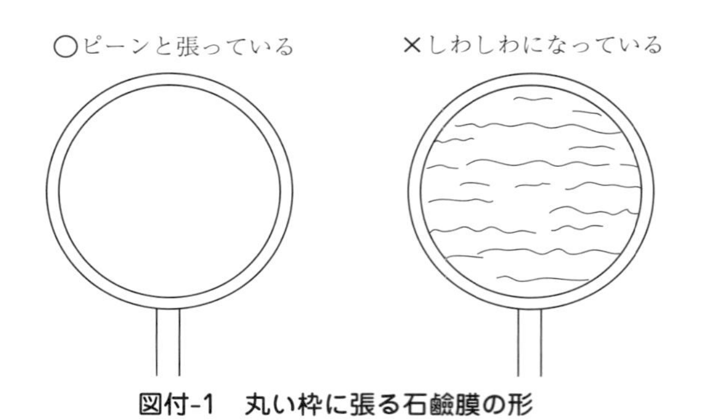

図付-1　丸い枠に張る石鹼膜の形

は、自然界では安定な（難しく言うと停留値を取る）ものなのです。

少し話はそれますが、シャボン玉を作るときのことを考えます。**図付-1**のように、丸い枠を針金などで作ります。これを洗剤の入った水につけると、枠の内側にシャボン玉の膜ができます。この膜の形は、その面積を最小にするようになっています。膜はこの枠の中でピンと張っています。逆に表面積が最小になるように求めてやると、洗剤の膜の形は求められます。

この方法を「変分法」と言い、物理学ではかなり頻繁に使われる論法です。自然界で安定な状態を見つけるうえで非常に有用な考え方ですが、私たちの日常生活においても

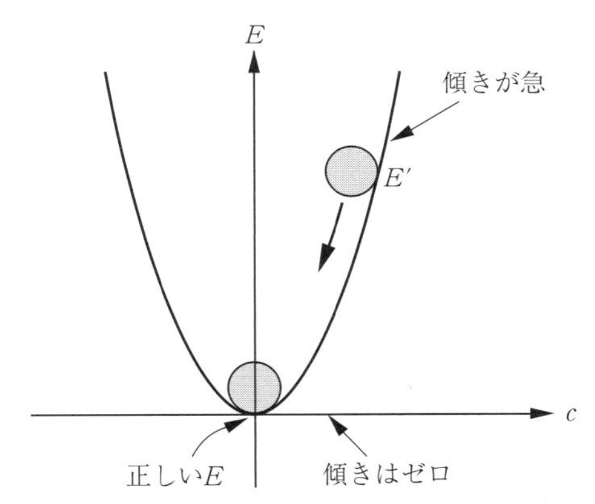

図付-2　斜面にある球は谷の方に向かって転げ落ちる

充分成り立つ考え方でもあります。

さて、分子軌道ψのエネルギーを求める問題に戻ってみましょう。

いま当てずっぽうに数字をc_1とc_2に入れて求めたエネルギーをE'としますと、真の値であるEとは$E' \geqq E$という関係にあります。**図付-2**のように正しいEを与えるc_1とc_2は、Eをc_1とc_2で微分したときに0になるものです。

微分積分を学んだことのない人は、次のように考えてください。図付-2でE'のところの曲線の傾きはかなり急ですが、正しいEのところでは傾きは0になります。つまりこの傾きが0になるところのc_1とc_2を求めれば、それはEを最小（数学的には極小値のような停留点）にするというわけです。

正しいEとそれに対応する分子軌道を求める

前節で述べた考え方にしたがうと、より正しいEを与える分子軌道ψを求めるには、$\frac{\partial E'}{\partial c_1}=0$と$\frac{\partial E'}{\partial c_2}=0$になる$c_1$と$c_2$を計算すればよいことになります。

$$E'=\frac{c_1^2\int\phi_1 H\phi_1 d\tau+2c_1c_2\int\phi_1 H\phi_2 d\tau+c_2^2\int\phi_2 H\phi_2 d\tau}{c_1^2\int\phi_1^2 d\tau+2c_1c_2\int\phi_1\phi_2 d\tau+c_2^2\int\phi_2^2 d\tau}$$

ですが、積分記号は仰々しいので、$\int\phi_1 H\phi_1 d\tau=H_{11}$、$\int\phi_1 H\phi_2 d\tau=H_{12}$、$\int\phi_2 H\phi_2 d\tau=H_{22}$、$\int\phi_1^2 d\tau=S_{11}$、$\int\phi_1\phi_2 d\tau=S_{12}$および$\int\phi_2^2 d\tau=S_{22}$と簡単化します。

そうすると、

$$E'=\frac{c_1^2H_{11}+2c_1c_2H_{12}+c_2^2H_{22}}{c_1^2S_{11}+2c_1c_2S_{12}+c_2^2S_{22}}$$

となります。

微分を習った人は、

$$\left\{\frac{g(x)}{f(x)}\right\}' = \frac{g'(x)f(x) - g(x)f'(x)}{\{f(x)\}^2}$$

の性質を思い出してください。

微分積分を習ったことのない人は、単なる式の変形ですから気にしないでください。

$\dfrac{\partial E'}{\partial c_1} = 0$だけを、ここでは計算してみましょう。

$$\frac{\partial E'}{\partial c_1}$$

$$= \frac{(2c_1H_{11} + 2c_2H_{12})(c_1{}^2S_{11} + 2c_1c_2S_{12} + c_2{}^2S_{22}{}^2) - (c_1{}^2H_{11} + 2c_1c_2H_{12} + c_2{}^2H_{22})(2c_1S_{11} + 2c_2S_{12})}{(c_1{}^2S_{11} + 2c_1c_2S_{12} + c_2{}^2S_{22})^2}$$

$$= \frac{2(c_1H_{11} + c_2H_{12})}{c_1{}^2S_{11} + 2c_1c_2S_{12} + c_2{}^2S_{22}} - \frac{2(c_1S_{11} + c_2S_{12})(c_1{}^2H_{11} + 2c_1c_2H_{12} + c_2{}^2H_{22})}{(c_1{}^2S_{11} + 2c_1c_2S_{12} + c_2{}^2S_{22})^2} = 0$$

いちばん下の式の両辺に$c_1{}^2S_{11} + 2c_1c_2S_{12} + c_2{}^2S_{22}$をかけ、もとの$E'$と同じになる部分を$E'$で置きかえると

$$(c_1H_{11} + c_2H_{12}) - (c_1S_{11} + c_2S_{12})E' = 0$$

になります。さらにこの式を変形すると、

$$c_1(H_{11} - E'S_{11}) + c_2(H_{12} - E'S_{12}) = 0 \qquad \text{(a)}$$

になります。

$\frac{\partial E'}{\partial c_2}=0$についても同様の式を求めると、

$$c_1(H_{12}-E'S_{12})+c_2(H_{22}-E'S_{22})=0 \qquad \text{(b)}$$

になります。

$S_{11}=S_{22}=1$そして$H_{11}=H_{22}$になるので、(a)式と(b)式は簡単になり、次の１組の式になります。

$$c_1(H_{11}-E')+c_2(H_{12}-E'S_{12})=0$$
$$c_1(H_{12}-E'S_{12})+c_2(H_{11}-E')=0$$

これらの対の式を解くとE'として次の２つの解が得られます。

１つのE'は$E_+=\frac{H_{11}+H_{12}}{1+S_{12}}$であり、もう１つの$E'$は$E_-=\frac{H_{11}-H_{12}}{1-S_{12}}$になります。

E_+についてc_1とc_2を求めると、$c_1=c_2$となり、E_-については$c_1=-c_2$となります。$|c_1|=|c_2|=c$としてしまうと、$\psi_1=c(\phi_1+\phi_2)$となります。これに対して、E_-のエネルギーを持つ分子軌道は$\psi_2=c(\phi_1-\phi_2)$という形になります。cはすべて定数となります。$\int\psi^2 d\tau=1$ですから、２つの分子軌道の式は$\psi_1=\frac{1}{\sqrt{2}}\phi_1+\frac{1}{\sqrt{2}}\phi_2$および$\psi_2=\frac{1}{\sqrt{2}}\phi_1-\frac{1}{\sqrt{2}}\phi_2$となり、2-5で現れた式と一致します。

このようにn個の原子軌道から、n個の分子軌道が作ら

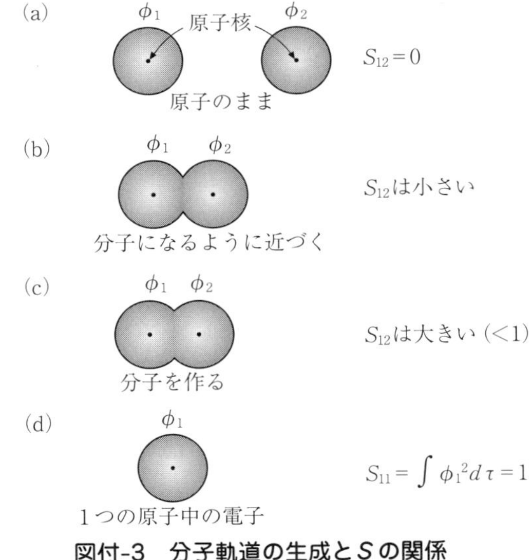

図付-3　分子軌道の生成とSの関係

れます。

SとHの意味とEの符号との関係

ここでS_{12}、H_{11}およびH_{12}の意味について考えてみましょう。まずS_{12}ですが、図2-1と同じような図をもう一度**図付-3**に示します。$S_{12}=\int \phi_1\phi_2 d\tau$ですから、$S_{12}$は$\phi_1$と$\phi_2$の2つの原子軌道の重なりの大きさ（度合い）を表すもので

図付-4　原子核は電子を引きつけている

す。(a)のように２つの原子軌道がまったく互いに影響していないとき、つまり分子を作るにはあまりにも遠く離れているときには、$S_{12}=0$になります。

２つの原子軌道が近づいてくるにつれて、２つの原子軌道は影響しあって分子を作るようになり、S_{12}はだんだん大きくなります。仮に２つの原子軌道が完全に重なってしまうと（そういうことはありませんが）、$S_{12}=1$になります。(d)のように$\int \phi_1{}^2 d\tau$が１になったことを思い出してください。もちろん分子内では普通$S_{12}<1$ということになります。Sは電子の重なりの程度を表す値ですので、分子を考えるときには常に正の値です。

H_{11}とH_{12}はエネルギーです。すでに述べたように$H_{11}=H_{22}$です。H_{11}について考えてみます。**図付-4**に示すように、H_{11}は１番の原子核と１番の電子が引き合う（＋と－

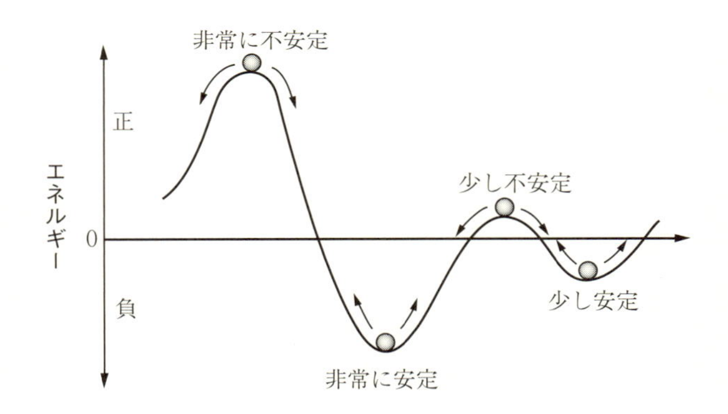

図付-5　エネルギーの大きさと安定性

なので）力に基づくエネルギーです。同様にH_{22}は２番の原子核と２番の電子が引き合う力に基づくエネルギーです。原子核１および２のまわりで少なくとも電子１と２はそれぞれ安定に回っていますから、エネルギーの符号は負になります。

物理学ではエネルギー＝0が基準点で、エネルギーが負の場合は安定であり、逆に正の場合には不安定とします。**図付-5**に示すように、エネルギーの状態を山と谷からなる地形図で表すと理解しやすいでしょう。

山の上においたボールは不安定で、山の稜線にそって転

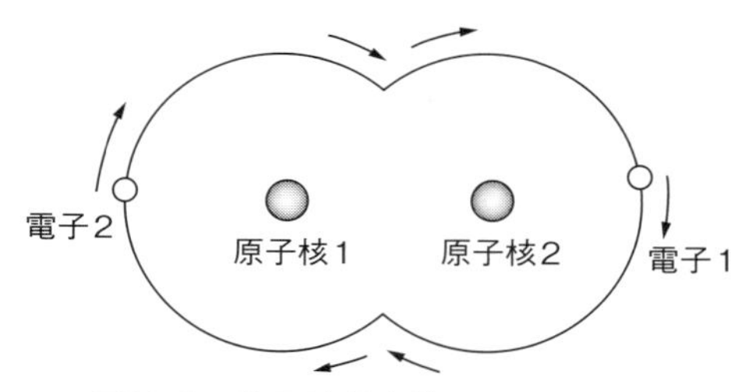

図付-6　分子軌道全体に電子は動ける

げ落ちます。平らなところ（エネルギーが0）では比較的安定ですが、谷があればそこに転がり落ちます。谷底に落ちたボールは勢いをつけて（エネルギーを与えて）やらないと、山に登ることはもちろん平野にも出ることはできません。

H_{11}はちょうど図付-5の谷にいる場合のエネルギーを示しています。したがって、H_{11}の符号はマイナスになります。原子核のプラスの電気と電子のマイナスの電気の間に働く力に基づくエネルギーによることから、H_{11}およびH_{22}をクーロン積分と言います。

H_{12}はϕ_1とϕ_2の原子軌道に電子が共有されるときに生じるエネルギーのことです。電子１はもともと原子１のϕ_1のみを回っていました。**図付-6**に示すように、分子になることで、この電子は原子間で共有され、ずっと広い軌道を

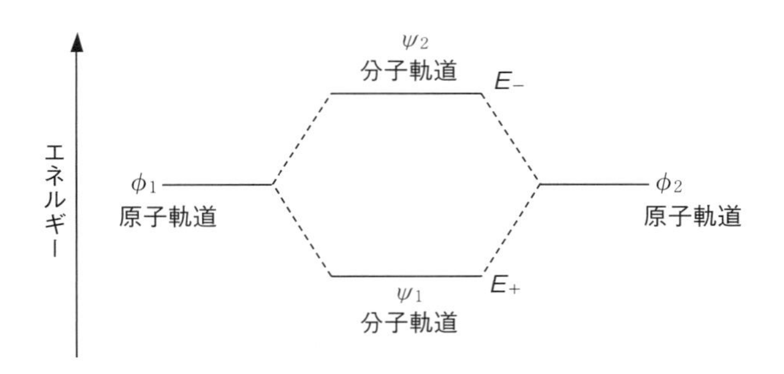

図付-7　原子軌道と分子軌道のエネルギー

回れるようになります。

私たちは狭いところに押し込められているより、広いところに出ていった方がのびのびとして気分がよくなります。私たちに限らず、世の中はすべてそうなっています。つまり、動く範囲として広い領域があれば、その領域に分散した方が安定になるということです。安定になるとは、先の図付-5で見たようにエネルギーの符号がマイナスになることです。したがってH_{12}は負の値を取ることになります。

H_{11}およびH_{12}が負で、$0<S_{12}<1$であることから、$E_+<E_-$であることは容易にわかるでしょう。これを示したのが**図付-7**（図2-4と同じ）です。もとの原子軌道のエネルギー

はH_{11}（$=H_{22}$）に相当しますから、それらの値は当然等しく、E_+より高く、E_-より低くなります。つまり２つの原子にまたがる分子軌道は２つでき、その１つはもとの原子軌道より安定で（エネルギーが低く）、もう１つはもとの原子軌道より不安定である（エネルギーが高い）ということです。

さらに勉強したい方のために

量子力学についてもう少し知りたい方

難しい本はたくさん出ていますが、この本の内容をもう少し深く知りたいというなら、次の本がお薦めです。

『量子力学が語る世界像』和田純夫著　講談社ブルーバックス（1994）

『鏡の中の物理学』朝永振一郎著　講談社学術文庫（1976）

『高校数学でわかるシュレディンガー方程式』竹内淳著　講談社ブルーバックス（2005）

量子化学についてもう少し深く知りたい方

『量子化学 基本の考え方16章』中田宗隆著　東京化学同人（1995）

『はじめて学ぶ量子化学』阿部正紀著　培風館（1996）

『バーロー　物理化学（下）第6版』G.M.バーロー著　大門寛・堂免一成訳　東京化学同人（1999）

『入門量子化学』David O. Hayward著　立花明知訳　化学同人（2005）

量子化学や量子生物学についてのブルーバックスの名著

いずれの本も名著ですが、今は刊行されていません。図書館で見つけたら、ぜひ開いてみてください。

『量子化学入門』大木幸介著　講談社ブルーバックス（1970）

『新しい量子生物学』永田親義著　講談社ブルーバックス（1989）

分子軌道法についてもっと知りたい方

『分子軌道法』廣田穣著　裳華房（1999）
『入門分子軌道法』藤永茂著　講談社（1990）
『計算化学実験』堀憲次・山崎鈴子著　丸善（1998）
『早わかり 分子軌道法』武次徹也・平尾公彦著　裳華房（2003）
『パソコンで考える 量子化学の基礎』時田澄男・染川賢一著　裳華房（2005）

ウッドワード・ホフマン則やフロンティア電子について知りたい方

『ウッドワード・ホフマン則を使うために』井本稔著　化学同人（1978）
『有機反応軌道入門—フロンティア軌道の新展開』藤本博著　講談社（1998）
『立体電子効果』A.J.カービー著　鈴木啓介訳　化学同人（1999）
『マクマリー有機化学第9版』J.マクマリー著　伊東ら訳　東京化学同人（2017）

さくいん

【数字】

【アルファベット】

【ギリシャ文字ほか】

【あ行】

【か行】

【ま行】

【や行】

【ら行】

N.D.C.431　264p　18cm

ブルーバックス　B-2090

はじめての量子化学（りょうしかがく）
量子力学が解き明かす化学の仕組み

2019年3月20日　第1刷発行

著者　平山令明（ひらやまのりあき）
発行者　渡瀬昌彦
発行所　株式会社講談社
〒112-8001　東京都文京区音羽2-12-21
電話　出版　03-5395-3524
販売　03-5395-4415
業務　03-5395-3615
印刷所　(本文印刷) 株式会社新藤慶昌堂
(カバー表紙印刷) 信毎書籍印刷株式会社
製本所　株式会社国宝社

定価はカバーに表示してあります。

ISBN978－4－06－515213－3

発刊のことば

科学をあなたのポケットに

二十世紀最大の特色は、それが科学時代であるということです。科学は日に日に進歩を続け、止まるところを知りません。ひと昔前の夢物語もどんどん現実化しており、今やわれわれの生活のすべてが、科学によってゆり動かされているといっても過言ではないでしょう。

そのような背景を考えれば、学者や学生はもちろん、産業人も、セールスマンも、ジャーナリストも、家庭の主婦も、みんなが科学を知らなければ、時代の流れに逆らうことになるでしょう。

ブルーバックス発刊の意義と必然性はそこにあります。このシリーズは、読む人に科学的に物を考える習慣と、科学的に物を見る目を養っていただくことを最大の目標にしています。そのためには、単に原理や法則の解説に終始するのではなくて、政治や経済など、社会科学や人文科学にも関連させて、広い視野から問題を追究していきます。科学はむずかしいという先入観を改める表現と構成、それも類書にないブルーバックスの特色であると信じます。

一九六三年九月

野間省一

ブルーバックス　化学関係書

ブルーバックス12cm CD-ROM付

ブルーバックス　生物学関係書（I）

1032 フィールドガイド・アフリカ野生動物　小倉寛太郎
1073 へんな虫はすごい虫　安富和男
1176 考える血管　児玉龍彦／浜窪隆雄
1341 食べ物としての動物たち　伊藤　宏
1363 新・分子生物学入門　丸山工作
1410 新しい発生生物学　木下　圭／浅島　誠
1427 筋肉はふしぎ　杉　晴夫
1439 味のなんでも小事典　日本味と匂学会＝編
1472 DNA（上）ジェームス・D・ワトソン／アンドリュー・ベリー　青木　薫＝訳
1473 DNA（下）ジェームス・D・ワトソン／アンドリュー・ベリー　青木　薫＝訳
1507 新しい高校生物の教科書　栃内　新　左巻健男＝編著
1513 猫のなるほど不思議学　岩崎るりは　小山秀一＝監修
1514 記憶と情動の脳科学　ジェームズ・L・マッガウ　大石高生／久保田競＝監訳
1528 新・細胞を読む　山科正平
1537 「退化」の進化学　犬塚則久
1538 進化しすぎた脳　池谷裕二
1539 入門　たのしい植物学　田中　修
1565 これでナットク！　植物の謎　日本植物生理学会＝編
1582 DVD&図解　見てわかるDNAのしくみ　JT生命誌研究館　工藤光子／中村桂子
1612 光合成とはなにか　園池公毅
1626 進化から見た病気　栃内　新
1637 分子進化のほぼ中立説　太田朋子
1662 老化はなぜ進むのか　近藤祥司
1670 森が消えれば海も死ぬ　第2版　松永勝彦
1672 カラー図解　アメリカ版　大学生物学の教科書　第1巻　細胞生物学　D・サダヴァ他　石崎泰樹　丸山　敬＝監訳・翻訳
1673 カラー図解　アメリカ版　大学生物学の教科書　第2巻　分子遺伝学　D・サダヴァ他　石崎泰樹　丸山　敬＝監訳・翻訳
1674 カラー図解　アメリカ版　大学生物学の教科書　第3巻　分子生物学　D・サダヴァ他　石崎泰樹　丸山　敬＝監訳・翻訳
1691 DVD-ROM&図解　動く！　深海生物図鑑　ビバマンボ／北村雄一　三宅裕志／佐藤孝子＝監修
1712 図解　感覚器の進化　岩堀修明
1725 魚の行動習性を利用する釣り入門　川村軍蔵
1727 iPS細胞とはなにか　朝日新聞大阪本社　科学医療グループ
1730 たんぱく質入門　武村政春
1767 巨大津波は生態系をどう変えたか　永幡嘉之
1775 地球外生命　9の論点　立花　隆／佐藤勝彦ほか　自然科学研究機構＝編
1792 二重らせん　ジェームス・D・ワトソン　江上不二夫／中村桂子＝訳
1800 ゲノムが語る生命像　本庶　佑
1801 新しいウイルス入門　武村政春
1821 これでナットク！　植物の謎Part2　日本植物生理学会＝編
1826 海に還った哺乳類　イルカのふしぎ　村山　司

ブルーバックス　医学・薬学・心理学関係書（II）

1774 HSPと分子シャペロン　水島 徹
1787 咳の気になる人が読む本　加藤治文／福島 茂
1789 食欲の科学　櫻井 武
1790 脳からみた認知症　伊古田俊夫
1792 二重らせん　ジェームス・D・ワトソン　江上不二夫／中村桂子＝訳
1794 いつか罹る病気に備える本　塚﨑朝子
1800 ゲノムが語る生命像　本庶 佑
1801 新しいウイルス入門　武村政春
1807 ジムに通う人の栄養学　岡村浩嗣
1811 栄養学を拓いた巨人たち　杉 晴夫
1812 からだの中の外界　腸のふしぎ　上野川修一
1814 牛乳とタマゴの科学　酒井仙吉
1820 リンパの科学　加藤征治
1830 単純な脳、複雑な「私」　池谷裕二
1831 新薬に挑んだ日本人科学者たち　塚﨑朝子
1839 血液型で分かる　なりやすい病気・なりにくい病気　永田 宏
1842 記憶のしくみ（上）　ラリー・R・スクワイア　エリック・R・カンデル　小西史朗／桐野 豊＝監修
1843 記憶のしくみ（下）　ラリー・R・スクワイア　エリック・R・カンデル　小西史朗／桐野 豊＝監修
1853 図解　内臓の進化　岩堀修明

1854 カラー図解　EURO版　バイオテクノロジーの教科書（上）　ラインハート・レンネバーグ　小林達彦＝監修　田中暉夫／奥原正國＝訳
1855 カラー図解　EURO版　バイオテクノロジーの教科書（下）　ラインハート・レンネバーグ　小林達彦＝監修　田中暉夫／奥原正國＝訳
1859 放射能と人体　落合栄一郎
1874 もの忘れの脳科学　苧阪満里子
1884 驚異の小器官　耳の科学　杉浦彩子
1889 社会脳からみた認知症　伊古田俊夫
1892 「進撃の巨人」と解剖学　布施英利
1896 新しい免疫入門　審良静男　黒崎知博
1901 99・996％はスルー　竹内 薫／丸山篤史
1903 創薬が危ない　水島 徹
1923 コミュ障　動物性を失った人類　正高信男
1929 心臓の力　柿沼由彦
1931 薬学教室へようこそ　二井將光＝編著
1943 神経とシナプスの科学　杉 晴夫
1945 芸術脳の科学　塚田 稔
1952 意識と無意識のあいだ　マイケル・コーバリス　鍛原多惠子＝訳
1953 自分では気づかない、ココロの盲点　完全版　池谷裕二
1954 発達障害の素顔　山口真美
1955 現代免疫物語beyond　岸本忠三／中嶋 彰

ブルーバックス　医学・薬学・心理学関係書（I）

569 毒物雑学事典 大木幸介
921 自分がわかる心理テスト 芦原 睦／桂 戴作＝監修
1021 人はなぜ笑うのか 志水 彰／角辻 豊／中村 真
1063 自分がわかる心理テストPART2 芦原 睦＝監修
1117 リハビリテーション 上田 敏
1176 考える血管 児玉龍彦／浜窪隆雄
1184 脳内不安物質 貝谷久宣
1223 姿勢のふしぎ 成瀬悟策
1229 超常現象をなぜ信じるのか 菊池 聡
1258 男が知りたい女のからだ 河野美香
1315 記憶力を強くする 池谷裕二
1323 マンガ 心理学入門 N・C・ベンソン 清水佳苗／大前泰彦＝訳
1335 リラクセーション 成瀬悟策
1391 ミトコンドリア・ミステリー 林 純一
1418 「食べもの神話」の落とし穴 髙橋久仁子
1427 筋肉はふしぎ 杉 晴夫
1435 アミノ酸の科学 櫻庭雅文
1439 味のなんでも小事典 日本味と匂学会＝編
1472 DNA（上）ジェームス・D・ワトソン／アンドリュー・ベリー 青木 薫＝訳
1473 DNA（下）ジェームス・D・ワトソン／アンドリュー・ベリー 青木 薫＝訳
1500 脳から見たリハビリ治療 久保田競／宮井一郎＝編著

1504 プリオン説はほんとうか？ 福岡伸一
1531 皮膚感覚の不思議 山口 創
1541 新しい薬をどう創るか 京都大学大学院薬学研究科＝編
1551 現代免疫物語 岸本忠三／中嶋 彰
1626 進化から見た病気 栃内 新
1631 分子レベルで見た薬の働き 第2版 平山令明
1633 新・現代免疫物語「抗体医薬」と「自然免疫」の驚異 岸本忠三／中嶋 彰
1654 謎解き・人間行動の不思議 北原義典
1656 今さら聞けない科学の常識2 朝日新聞科学グループ＝編
1662 老化はなぜ進むのか 近藤祥司
1686 麻酔の科学 第2版 諏訪邦夫
1695 ジムに通う前に読む本 桜井静香
1701 光と色彩の科学 齋藤勝裕
1718 小事典 からだの手帖（新装版） 高橋長雄
1724 ウソを見破る統計学 神永正博
1727 iPS細胞とはなにか 朝日新聞大阪本社科学医療グループ
1730 たんぱく質入門 武村政春
1732 人はなぜだまされるのか 石川幹人
1752 数字で読み解くからだの不思議 竹内修二＝監修 エディット＝編
1761 声のなんでも小事典 和田美代子 米山文明＝監修
1771 呼吸の極意 永田 晟

ブルーバックス　医学・薬学・心理学関係書（Ⅲ）